第二次全国污染源普查实践系列丛书

区县污染源普查入户
工作指南

张红振　董璟琦　编著

中国环境出版集团·北京

图书在版编目（CIP）数据

区县污染源普查入户工作指南/张红振，董璟琦编著. —北京：中国环境出版集团，2019.12
（第二次全国污染源普查实践系列丛书）
ISBN 978-7-5111-4195-8

Ⅰ. ①区… Ⅱ. ①张… ②董… Ⅲ. ①污染源调查—中国—指南 Ⅳ. ①X508.2-62

中国版本图书馆 CIP 数据核字（2019）第 278215 号

出 版 人　武德凯
责任编辑　陈雪云
文字编辑　王宇洲
责任校对　任　丽
封面设计　宋　瑞

更多信息，请关注
中国环境出版集团
第一分社

出版发行　中国环境出版集团
（100062　北京市东城区广渠门内大街 16 号）
网　　址：http：//www.cesp.com.cn
电子邮箱：bjgl@cesp.com.cn
联系电话：010-67112765（编辑管理部）
010-67112735（第一分社）
发行热线：010-67125803，010-67113405（传真）

印　　刷　北京中科印刷有限公司
经　　销　各地新华书店
版　　次　2019 年 12 月第 1 版
印　　次　2019 年 12 月第 1 次印刷
开　　本　787×1092　1/16
印　　张　11
字　　数　255 千字
定　　价　62.00 元

《第二次全国污染源普查实践系列丛书》项目支持

本系列丛书得到了“通州区第二次全国污染源普查技术服务项目”“邯郸市第二次全国污染源普查技术服务项目”“武安市第二次全国污染源普查技术服务项目”等普查项目，以及国家重点研发计划项目“污染场地绿色可持续修复评估体系与方法（2018YFC1801300）”、世界银行咨询项目“中国污染场地风险管控的环境经济学分析及优化建议”、污染场地安全修复技术国家工程实验室开放基金项目“工业地块土地安全修复与可持续利用规划决策支持方法与平台构建研究（NEL-SRT201709）”、污染场地安全修复技术国家工程实验室开放基金项目“大型污染场地精细化环境调查与风险管控技术方法与实例研究（NEL-SRT201708）”的共同资助。

《区县污染源普查入户工作指南》编写委员会

张红振　董璟琦　董国强　徐晓云　雷秋霜　杨成良
沈贵宝　张文清　段美惠　叶　渊　杨家乃　王思宇
李香兰　牛坤玉　李剑峰　曹　东　张鸿宇　赵高阳
姜金海　张明明　彭小红　梅丹兵　武梦瑶　崔博君
高　月　白俊松　王籽橦　李　森　杨雨晴　张黎明
邓璟菲　司绍诚　张茜雯　王　枫

前　言

污染源普查是国家依法开展的重大国情调查，是生态环境保护的基础性工作，对做好环境保护工作意义重大，其中入户调查是污染源普查的关键阶段、攻坚阶段，极其重要。由于污染源普查工作时间紧、任务重，需要普查人员齐心协力、互相配合，按时完成入户调查数据的采集和上报工作。通过充分做好普查前期准备工作，确保普查指导员、普查员及普查办技术人员熟悉普查项目、掌握工作技能，层层审查，认真把关，切实起到指导作用；确保普查入户填报内容的准确性、完整性、规范性；确保入户调查工作的质量。同时，充分调动各乡镇和相关部门普查人员的普查积极性，配合第三方技术服务单位开展入户调查，并对辖区内企业做好宣传工作。

入户调查工作内容包括入户准备、组织实施、开展调查、数据收集解释、填报录入、上传审核、验收和数据汇总分析，召开试点乡镇普查工作中期总结会，召开继续培训会；组织开展各环节普查质量控制工作；借助购买第三方服务和信息化手段，提高普查效率，总结填报过程试点经验；建立有效的沟通汇报机制，对手持移动终端、电子表格、纸质表格的填写上报等技术问题及时汇报。

通州区通过选取试点乡镇，于 2018 年 8 月 27—31 日，有序开展了试点乡镇试点行业企业普查工作，同期开展普查质控和质量核查工作，对试点企业报表填报结果进行总结，形成典型工业企业普查表填报样表；9 月 3 日，召开乡镇全面普查工作调度会和普查表制度培训会；9 月 4—10 日，全面开展试点乡镇普查工作，含入户调查、抽样调查、统计报表、现场监测、质量控制等具体工作。在入户调查准备阶段，通州区通过多级培训夯实了业务基础，通过先行先试创新了工作方法，并通过广泛宣传营造了良好的社会舆论氛围；在数据采集阶段，为保证污染源普查入户调查高质量按时完成，通州区第二次全国污染源普查领导小组办公室（以下简称“区普查办”）管控第三方技术服务单位，加强各部门协调并开展数据采集，将质量控制贯穿于数据采集全过程，保障了采集数据的准确性；在数据审核阶段，各级审核人员高效审核数据，通过系统审核、人工审核、汇总审核等多种审核方式强化了质量控制。

截至 2018 年 12 月，区普查办按时完成通州区普查入户调查和系统提交工作。在普查入户期间，第三方技术服务单位充分总结入户调查相关工作经验，形成了《通州区第二次全国污染源普查入户调查工作现状和改进建议》《通州区污染源普查全过程质控方案》《通州区第二次全国污染源普查加强入户调查工作质量控制的具体要求》等文件；编制了各类普查对象的分类质控详细方案和普查入户报表质控单、质控汇总表；编制了分类入户普查表填报工作指南；建立了红、橙、绿、蓝的分类质控标识体系，构建了各级质控过程信息化管理系统；编制了普查质控工作细则，完成了分行业普查表分级质控和校核技术指南。为下一步成果汇总发布和验收做好准备。

作者

2019 年 2 月

目　录

第 1 章　区县污染源普查入户工作要点

1.1　普查入户工作内容及安排

普查入户填报工作采用双人同步填报方式，利用移动数据采集终端现场填写相应的普查表，同时填写纸质普查表，或先行填写纸质普查表，后期录入采集的数据、现场照片和地理坐标等信息。现场数据采集完成后，纸质抽样普查表由两名普查员与普查对象共同签字确认，经普查员交叉检查一致后在线提交。

1.1.1　确定普查入户名单

通州区第二次全国污染源普查领导小组办公室（以下简称“区普查办”）参照北京市第二次全国污染源普查领导小组办公室（以下简称“市普查办”）下发的各行业单位名录完成全面清查工作后，按照北京市下发的抽样普查样本分配计划，由各行业主要负责部门开会确定各种业态类型的最终样本数量及入户名单。

1.1.2　普查制度培训会

根据确定好的入户企业名单，召集企业负责人、各个相关部门的负责人及普查办人员，分批开展普查制度填报培训。

由普查指导员小组负责对普查员的普查技术培训工作，同时向各个企业负责人传达普查工作内容。培训会目的：①传达通州区第二次全国污染源普查入户工作精神；②建立普查指导员—入户普查员—普查企业的填报工作联系群；③告知普查对象准备填报所需的相关资料，为下一步顺利开展入户填报工作做好充分准备。

1.1.3　入户填报工作

参加过普查培训会的普查员，根据分派情况进行入户填表工作。根据入户企业数量安排一定数量的普查小队进行入户普查，每组两名普查员，每日每组入户量根据具体工作进度安排确定，后期可根据实际入户情况进行调整。

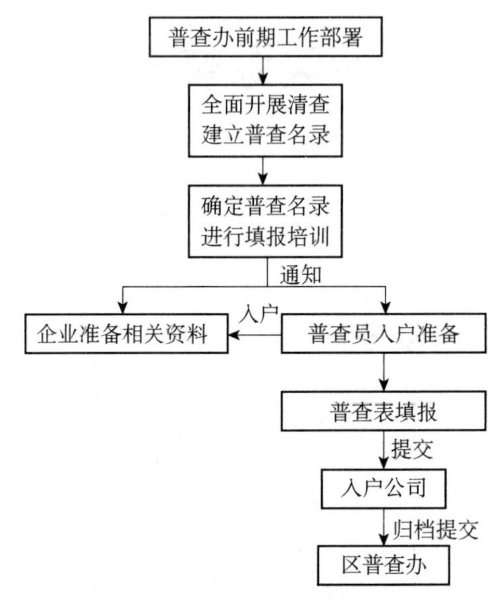

图 1-1 普查入户工作流程

1.1.4 质控工作

质控内容主要包括：

①入户质控：入户准备材料情况，包括普查员证、致普查对象的一封信、承诺书等；入户资料收集情况，包括佐证资料、照片等；报表填报情况，包括报表是否填写完整、信息是否准确、是否存在逻辑性错误等；

②现场填报质控：填报期间，质控人员应跟踪试点填报单位，并进行指导性填报和现场质控；

③普查员初级审核：全区全面普查阶段，普查员应承担初级审核职责，确认企业盖章，发现问题咨询质控人员和普查指导员，并及时与企业沟通修改；

④普查指导员二级审核：普查指导员对普查员递交的普查表进行二级审核，并对佐证材料进行核对，如发现问题应及时与普查员沟通并返回修改；

⑤区普查办质控人员终审：区普查办质控人员对普查表进行最终校对，包括各项指标是否填报完整、满足普查表填报要求，如发现问题应及时与普查指导员及普查员沟通修改。

具体质控流程如图 1-2 所示。

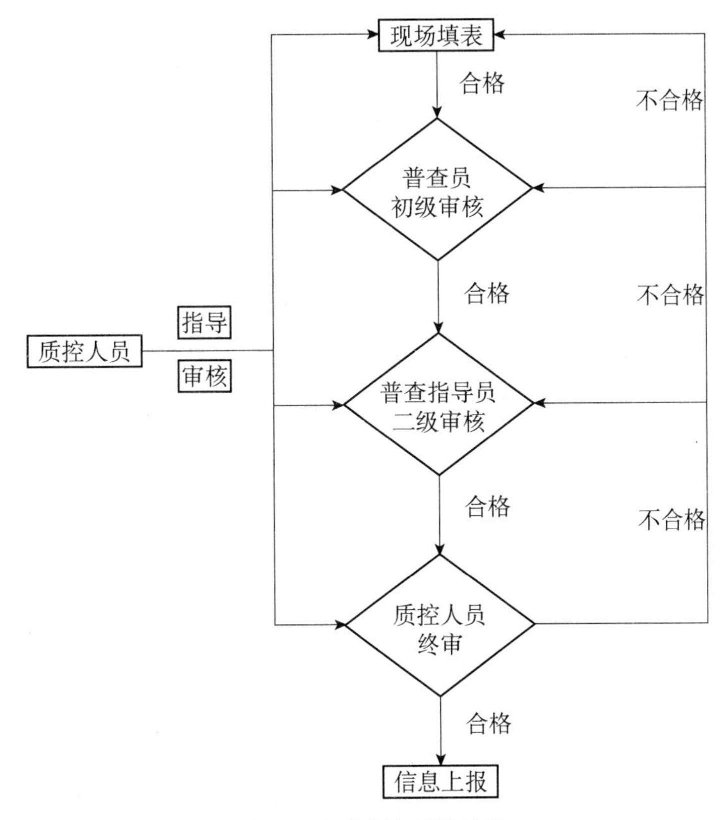

图 1-2　入户调查质控流程

1.1.5　档案管理

由入户工作组固定专职档案管理人员，负责所有纸质文件和电子档案的收集和整理。做到纸质档案分乡镇、分业态类型独立整理存档，电子档案与纸质档案完整对应。实行严格的档案借阅制度，凡是审核合格上交到普查办的材料，形成了材料接收流转单，出借需填写档案借阅单。

1.2　入户调查工作质量的具体要求

1.2.1　工作目标与原则要求

（1）工作目标。

在完成国家、北京市关于第二次全国污染源普查工作要求的基础上，为提高入户调查工作效率，严格控制入户调查工作质量，为下一步工作做好筹划和准备。

（2）原则要求。

在入户调查填报过程中，必须遵守以下填报原则。

完整度：按照填报要求，确保应填尽填，逐一仔细核实编号、名称、污染物、排放量、单位、备注等，确保没有任何遗漏、错误、偏差和混淆；

准确度：严格按照填报要求以及指标解释中的要求，确保每项指标填报准确，应仔细校核单位、符号、污染物名称、代码、行业等，用词规范准确；

规范化：入户填报过程中参考的依据及材料，注意复印备份或者拍照留存，要求明确日期、面谈人员、程序，是否交代清楚必要的内容、要求，对方的答复、提供的材料是否准确，是否确定或表示需要核实。

1.2.2 工作程序

入户调查程序主要包括：①区普查办任务下达；②乡镇入户调查任务部署；③联系普查对象，安排入户行程；④普查员开展入户调查工作；⑤向区普办相关负责人提交完成填报的普查表及相关材料；⑥第三方技术服务单位组织普查指导员初步审核；⑦区普查办技术人员进行第二次质检审核；⑧录入归档。具体工作程序如图 1-3 所示。

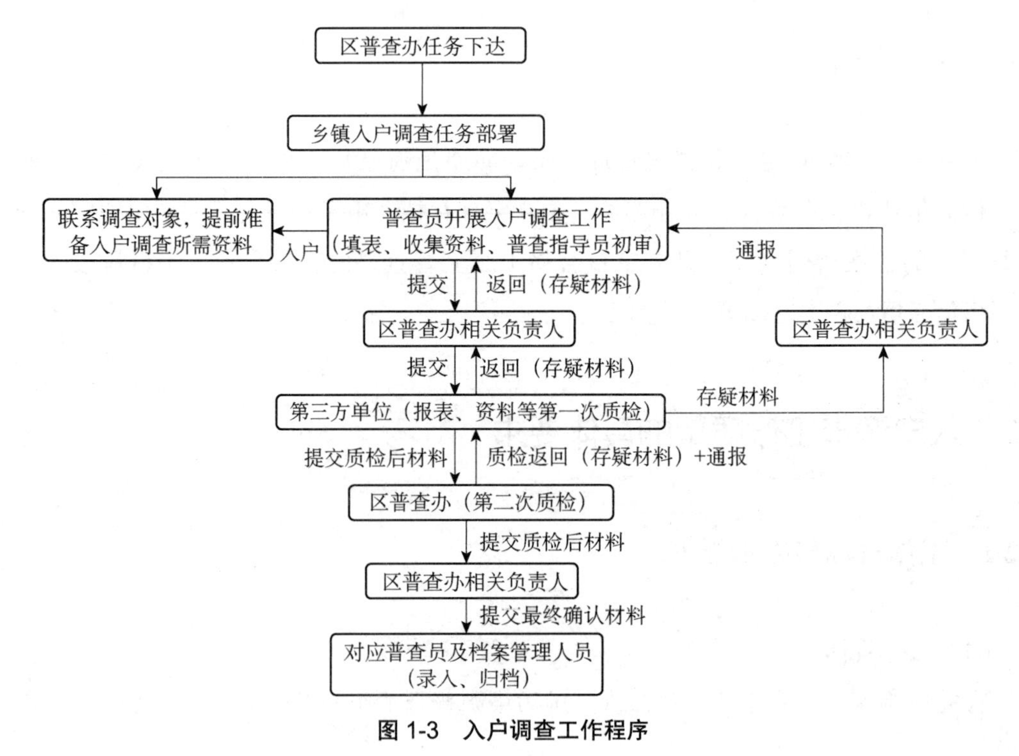

图 1-3 入户调查工作程序

1. 区普查办任务下达

区普查办根据每个乡镇普查工作量，配备具体数量的普查员，并分配一名普查指导员作为该乡镇普查小组组长，同时提出明确的完成时间节点等相关要求。区普查办下达任务的同时会将对应乡镇的普查对象名单交付普查小组组长和乡镇普查机构各一份，按照清单逐类、逐个完成入户调查工作，样表如表 1-1 所示。

表 1-1　区普查办任务下发表（样表）

序号	内容	数量	已完成数量	未完成数量及原因	备注
1	工业源				
2	农业源				
3	集中式污染治理设施				
4	移动源				
5	生活源				
6	北京市补充清查				
7	其他				

2. 乡镇入户调查任务部署

各个乡镇结合自身普查工作量以及实际情况，依据前期清查阶段纳入普查清单、召集普查对象对普查入户调查工作做具体安排部署，部署会上对普查对象讲解“二污普”意义与本次普查工作的程序安排，发放相应的普查表以及需要提前准备的材料清单，让普查对象按材料清单提前准备相应材料，并自行试填普查表。

3. 入户调查

（1）做好分组，提前联系普查对象，确定入户行程。

依据工作量把普查员与普查指导员分成若干组，每组具体分配相应的工作量，按照“附件 4”，提前与普查对象取得联系（采用电话、当面会谈等方式），确认普查对象材料准备情况，以及具体入户调查时间，结合实际情况，可安排乡镇普查员（网格员）一起参加入户调查工作，样表如表 1-2 所示。

在入户调查工作开展时，按照对应类别的质控单第一部分（需要提前准备材料清单）进行逐一核实，普查对象完成提前准备的材料，在相应项画“√”。

表 1-2　工作部署安排表（样表）

序号	组别	普查对象	负责入户的普查员	负责指导的普查指导员	完成情况	备注
1						
2	第一组					
3						
4						
5	第二组					
6						
…	…	…	…			

（2）普查员开展入户调查工作。

普查员在入户调查工作开展前，需要提前准备好入户调查需携带的相关资料，具体见质控单第二部分。

普查员在入户时，首先提交给普查对象的“致普查对象的一封信”，并解读本次“二污普”工作意义与作用，行为规范，语言得体，具体见“附件 5”入户调查沟通模板。

普查员在开展工作时需要对企业提前准备的材料进行复印备份或者拍照留证，对照对应类别质控单（详见 4.4 节）上的第一部分内容逐一核实，完成后在表格内画“√”，拍照和复印备份二选一即可，并对照对应类别质控单第三部分内容逐项拍照留证。

4. 提交完成填报的普查表及相关材料

每组普查员完成安排的所有入户调查工作后，将填报的普查表和相关材料以及照片统一提交给对应乡镇的普查小组组长，在提交过程中，需要将所有的普查表、材料以及照片，统一编号再进行提交，按照质控单上须提前准备的材料以及需要拍照留证的材料逐项进行提交。

（1）提交方式。

每个乡镇入户调查工作开展之前，区普查办工作人员将对应乡镇的纳入普查企业清单（Excel 文件）交给乡镇对应的普查小组组长，在完成对应乡镇的普查入户调查工作时，由普查小组组长在纳入普查企业清单（Excel 文件）上逐个填写企业所对应的普查员、普查指导员、当前状态及报区普查办时间。提交时，在对应的普查表左上角标注相应编号。编号命名方式如下：

××乡镇-类别字母代表（工业源 G、集中式 J、生活源 S、农业源 N、移动源 Y）-编号（下发的该乡镇清单上的编号）

示例：

宋庄镇工业源：宋庄镇-G-1；宋庄镇-G-2；宋庄镇-G-3；

宋庄镇集中式：宋庄镇-J-1；宋庄镇-J-2；宋庄镇-J-3；

宋庄镇农业源：宋庄镇-N-1；宋庄镇-N-2；宋庄镇-N-3；

……

（2）照片命名方式。

由各个公司负责人以硬盘方式提交电子版照片，命名方式为：乡镇-普查小区（行政村）-类别（工业源/集中式/农业源/生活源/移动源）-普查对象名称-照片名称-序号。

如果同一种类的照片过多，可以把同一种类的照片放在同一个文件夹里，该文件夹命名方式同照片命名方式。

示例：

宋庄镇-翟里村-工业源-北京某有限公司-工业企业锅炉-1；

宋庄镇-翟里村-工业源-北京某有限公司-工业企业锅炉-2；

宋庄镇-翟里村-工业源-北京某有限公司-营业执照-1；

……

照片提交方式：每个普查对象所有照片放在一个文件夹里，进行提交。

文件夹命名方式：乡镇-普查小区（行政村）-类别（工业源/集中式/农业源/生活源/移动源）-普查对象名称-照片。

示例：

宋庄镇-翟里村-工业源-北京某有限公司-照片；

……

（3）复印备份材料命名提交方式。

每个普查对象的复印备份材料，统一用夹子夹在一起，在首页附上列有复印备份材料名称的清单，如表 1-3 所示。

表 1-3　复印备份材料清单（样表）

序号	材料名称	是否为填报依据	备注
1			
2			
3			
4			
5			

续表

序号	材料名称	是否为填报依据	备注
6			
7			
8			
9			
10			
11			
…			

每份材料经普查指导员审核通过后，达到普查指导员审核要求的，在流转单上的“完成情况”栏填写“完成”，未达到要求的，则在流转单上的“相关意见”栏填写同意接收与否，并在流转单上签字。

在上交每个普查对象的普查表时，需要同时上交配套的现场照片、流转单及入户调查获取的普查材料。

按照质控流程（如图 1-3 所示），逐级上交，同时每级接收时，都需要签字并加上接收时间（见附件 1 普查表及附属材料提交流转单）。

5. 区普查办技术人员审查

在完成对应乡镇的所有工作后，每个乡镇普查小组组长提交区普查办任务下发表（上面逐类、逐个企业标注上对应的普查员、普查指导员、当前状态及报区普查办时间），区普查办工作人员按照流转单程序及质控单内容逐个审核。

（1）形式审查。

形式审查主要分三个部分：按照提交材料形式审查表，对提交材料的审查（文件是否齐全、填写是否规范、签字是否缺少）；对材料规格、清晰程度及必要说明的审查；对分类的审查（对填报内容的审查）。

根据形式审查的结果，审查方主要发出三种结果：受理、补正、不予受理。

（2）质控分析。

按照普查技术报表中的指标解释，对照填报内容进行检查，对于问题太多者，视情况给予返回重填，检查过程遇到问题，严格记录下来，并反馈给相应的普查员。

（3）合理逻辑校对。

根据相应的规定对质控结果进行分析判定，当结果超出允许范围或存在不合理的情况，责成相关人员查找原因，按相应程序文件进行校正。质量督察员应经常进行督察检测，及时发现检查工作中存在的问题，并及时采取相应措施解决问题。

1.2.3　调度与总结

根据实际情况与工作进展，定期召开调度会，对于表现好、按时保质完成下发任务的普查员与普查指导员给予表扬与肯定，对于未能按时完成任务而且未能完成整改的普查小组，视情况予以通报，在安排的相应乡镇工作未完成之前，不再下达下次任务。

调度会上，及时讨论存在的问题，形成针对通州区的普查入户调查文本材料，逐步完善细化。相关附件清单如下：

附件 1　普查表及附属材料提交流转单

附件 2　入户调查语言沟通方式

附件 3　入户调查形象要求

附件 4　入户调查前电话联系模板

附件 5　入户调查沟通模板

附件 1　普查表及附属材料提交流转单

普查表及附属材料提交流转单

序号	程序	内容	完成情况	相关意见
1	普查对象名称（类型）			
2	入户普查员签字			
3	提交人签字（所属公司）			
4	提交材料内容			
5	区普查办接收人员签字及接收日期			
6	技术支持单位审核人员签字及审核意见（可另附页）			
7	区普查办质控人员签字及接收日期（可另附页）			
8	区普查办调度人员签字及接收日期（可另附页）			
9	档案管理人员签字及接收日期			
10	备注			

附件 2　入户调查语言沟通方式

（1）初次见面沟通方式。

初次接触一个普查对象，首先要亮明自己身份，表明自己来意，说明普查目的。特别是向普查对象说明此次普查的资料不作为对企业单位收取各项费用和处罚的依据，普查机构和普查员对普查对象的商业秘密有保密义务，将来公开的数据不是一家一户的单个资料，而是所有普查对象的综合资料，以消除普查对象的思想顾虑。

普查员必须保持本身仪容端正、用语得体、口齿伶俐、态度谦和礼貌，给人以亲切感，使普查对象容易接受。

例如："您好！我是通州区第二次全国污染源普查的一名普查员，我们正在进行入户调查登记工作。我需要占用您一点宝贵时间，以完成对您单位一些基本情况的询问、核实和登记工作。这是我的证件，请核实。"

（2）遇到普查对象不支持不配合。

作为普查员不要着急，先耐心倾听普查对象不配合的原因，再对症下药，找到一个突破口，有理有据地给普查对象做动员解释工作，增强其大局意识，打消其各种顾虑，从而配合普查工作，达到能够较为真实地提供普查表所需的有关资料的目的。

（3）适当追问。

追问可以分为两类，一类是勘探性追问，另一类是明确追问即澄清。前者是在普查对象已经回答的基础上，进一步挖掘、询问问题的方法，目的在于引出普查对象对有关问题的进一步阐述；后者是让普查对象对已回答内容做进一步详细解释，目的在于进一步明确普查对象给出的答案。

是否具有使用中性的刺激来鼓励普查对象给出澄清或扩展他们回答的能力是判断普查员是否有经验的标志。普查员可根据情况选择以下不同的追问技巧：

①重复问题；

②观望性停顿；

③重复应答者的回答。

（4）结束调查。

调查技巧的最后一个方面是如何结束调查并退出普查对象的店（厂）。普查员在所有相关信息完成之前不应结束调查；避免仓促离开也是礼貌的一个方面，如果普查对象问起调查目的，普查员也应当尽己所能给予解释。

在未来的一段时间里再次调查普查对象也许是必要的，因此，友好地离开是极其重要的。同时，对于普查对象为普查所花费的时间和做出的配合工作，应当表示感谢。

（5）补充访谈。

基本调查结束后，主动询问普查对象，此地是否只有这一家企业，是否还有共用一个地址的其他普查对象，并做好记录。对于清查遗漏的，应及时上报上级普查机构，并做好补充调查工作。

（6）遵循原则。

先易后难：从简单的指标项开始填报；

紧扣主题：紧紧围绕普查表的填报这一主题；

循序渐进：逐步引导普查对象展开填报思路；

帮助回忆：和普查对象谈话，帮助他回忆具体填报指标信息；

避免其他人在场：其他无关人员，避免在填报现场。

附件 3　入户调查形象要求

（1）规范佩戴“两员”证件；

（2）着统一下发的普查专用马甲；

（3）佩戴统一下发的普查专用双肩包；

（4）携带统一下发的普查专用笔记本；

（5）严禁出现普查员着奇装异服、穿拖鞋、染发等行为。

附件 4　入户调查前电话联系模板

您好！请问您是通州区×××镇×××（普查对象）吗？我是通州区第二次全国污染源普查的工作人员。

近期我们组织了咱们通州区×××镇“二污普”工作部署会，请问您或者您同事有没有参与该部署会，并知晓这件事情，如果您还有疑问，现在我可以为您解释。

如果您已知晓，麻烦您按照部署会通知，准备相关材料，以便于普查表的填报工作。

按照计划，咱们通州区普查员将于××（时间）到您家开展入户调查并协助您开展普查表的填报工作，您看是否方便？谢谢您的配合，祝您工作顺利！

附件 5　入户调查沟通模板

您好！请问您是通州区×××镇×××（普查对象）吗？我是通州区第二次全国污染源普查的普查员，前几天我已经和您电话联系过，现在登门拜访，开展入户调查，协助您开展普查表的填报工作。

这是我们通州区普查办给您的一封信，请您阅读，有问题，我将会为您解答。

如果您对该项工作没有其他疑问的话，接下来将会占用您一些时间，完成咱们的普查表的填报工作。

请问，前期需要准备的材料以及部署会上下发的普查表，可以麻烦您拿出来吗？

请问您在普查表的填报过程中有什么问题，现在由我们对普查表逐项审核并补充填报，谢谢您的配合。

……

（完成普查表填报后）再次感谢您的配合，后期有问题可能还会再联系您询问，或者再次过来麻烦您，您看可以吗？

1.3 普查现场监测工作方案

根据《第二次全国污染源普查方案》《北京市第二次全国污染源普查实施方案》《北京市通州区第二次全国污染源普查工作实施方案》相关要求，结合清查阶段工作成果和北京市关于补充清查工作的方案，为保证通州区第二次全国污染源普查工作的科学性和可行性，制定本方案。

1.3.1 监测范围

监测范围分为点源监测和非点源监测，其中点源监测包括重点工业污染源、集中式污染治理设施、规模畜禽养殖企业以及入河排污口的废水（水质、水量）和废气污染物监测；非点源监测包括在市政排水管网出口开展的降水监测，以及普查办要求的其他专项源监测内容。除集中式污染治理设施全部开展现场取样监测以外，其余污染源采取重点源、规模以上污染源和抽样调查相结合的方法确定监测数量。

（1）重点工业污染源：包括重点工业企业和园区的废水和废气；

（2）集中式污染治理设施（以下简称“集中式源”）：包括通州区污水处理厂、生活垃圾处理厂（场）、危险废物处理厂（场）的废水和废气；

（3）入河（海）排污口：包括通州区市政入河（海）排污口的废水；

（4）畜禽养殖企业：包括通州区规模以上畜禽养殖场排放的废水；

（5）餐饮业：包括所有加工经营场所使用面积 3 000 m^2 以上的特大型餐饮、中央厨房、集体用餐配送单位和部分其他类型餐饮企业的废水和废气；

（6）汽车维修业：包括《汽车维修业开业条件》中规定的所有一类、二类整车维修企业和部分含喷烤漆房的三类汽车专项维修企业的废水和废气；

（7）其他行业：包括居民生活消费品、沥青混合料生产和摊铺过程产生的废气、生活相关氮排放源的废气。

1.3.2　监测项目

根据《北京市通州区第二次全国污染源普查工作实施方案》，普查的污染物重点为对污染防治具有普遍意义的污染物。

1. 重点污染源需要监测项目

废水污染物：废水流量、pH、化学需氧量、氨氮、总氮、总磷、石油类、挥发酚、氰化物、汞、镉、铅、铬、砷。

废气污染物：废气流量、二氧化硫、氮氧化物、颗粒物、挥发性有机物、氨、汞、镉、铅、铬、砷。

2. 集中式污染治理设施需要监测项目

废水污染物：废水流量、pH、化学需氧量、氨氮、总氮、总磷、五日生化需氧量、动植物油、挥发酚、氰化物、汞、镉、铅、铬、砷。

废气污染物：废气流量、二氧化硫、氮氧化物、颗粒物、汞、镉、铅、铬、砷。

3. 入河（海）排污口需要监测项目

废水污染物：废水流量、pH、化学需氧量、氨氮、总氮、总磷、五日生化需氧量、动植物油。

4. 畜禽养殖企业需要监测项目

废水污染物：废水流量、pH、化学需氧量、氨氮、总氮、总磷、五日生化需氧量、动植物油。

5. 餐饮业需要监测项目

废气污染物：废气流量、油烟、颗粒物、二氧化硫、氮氧化物和非甲烷总烃。

6. 汽车维修业需要监测项目

废气污染物：废气流量、挥发性有机物、苯、苯系物、非甲烷总烃、颗粒物、二氧化硫、氮氧化物。

7. 其他行业需要监测项目

居民生活消费品废气污染物：废气流量、挥发性有机物、苯、苯系物、非甲烷总烃、颗粒物。

沥青混合料生产和摊铺废气污染物：废气流量、颗粒物、沥青烟气、苯并［*a*］芘、二氧化硫、氮氧化物。

生活相关氮排放源废气污染物：废气流量、氮氧化物、氨、恶臭。

对于各类污染源，上述污染物在其对应的国家行业排放标准中有规定的，或污染物综合排放标准中相应的控制项目指明并规定了工艺过程和行业的，进行监测。未明确规定的，根据污染源特点和排污情况从上述项目中确定需监测的污染因子。

重金属类（汞、镉、铅）和砷、磷监测项目，是指未过滤水样中的总浓度。汞、镉、铅包括无机的和有机结合的、可溶的和悬浮的浓度总量；砷和磷是指单质态、无机态和有机结合的浓度总量。

无论在排放标准中规定的控制项目是何种类价态、形态，均监测其总浓度。铬（或六价铬）、总氰化物（或氰化物）按照排放标准规定的控制项目分别进行监测。

8. 其他需增加监测的项目

（1）集中供热厂：燃料煤含硫量；除尘效率、脱硫效率；

（2）电解铝、水泥、陶瓷、平板玻璃制造行业：废气中的氨化物；

（3）农副食品加工（132 饲料加工、133 植物油加工、134 制糖、135 屠宰及肉类加工、136 水产品加工、139 其他农副产品加工）、食品制造（143 方便食品制造、144 液体乳及乳制品制造、145 罐头食品制造、146 调味品或发酵制品制造）、饮料制造业（151 酒精制造、152 酒的制造、1533 果菜汁及果菜汁饮料制造、1534 含乳饮料和植物蛋白饮料制造）：BOD_5（五日生化需氧量）。有关行业名称前的数字为该行业国民经济行业分类代码。

废水项目按照《地表水和污水监测技术规范》（HJ/T 91—2002）选择；废气项目参照《建设项目环境保护设施竣工验收监测技术要求（试行）》（国家环保总局　环发〔2000〕38 号）的附件选择。

1.3.3　监测频次

废水污染源每季度至少监测 1 次；废气污染源每半年至少监测 1 次；用于供暖的集中供热设施仅采暖期监测 1 次。生活相关氮排放源废气污染源典型季节连续 3 天，每天不同时段监测 4 次。

1.3.4　监测布点与采样

（1）废水中汞、镉、六价铬、铅、砷的监测，一律在车间或车间处理设施排放口，或专门处理此类污染物的设施排放口采样。

（2）废水其他项目的监测，在厂区外排口或厂区处理设施排放口采样。所有排放口均须分别采样、分析。

应对每个排入集中式污染治理设施的污染源单独采样、分析。

（3）所有废水或废气排放口，在采样监测污染物浓度时，均须同时监测废水或废气流量。

（4）污染源的监测，应根据已了解掌握的污染源生产工艺特点和排放规律，选择代表性时段采样。未掌握排放规律和周期的废水污染源，按照《地表水和污水监测技术规范》（HJ/ T 91—2002）的规定，选择 1～2 个生产周期加密监测，确定采样的代表性时段。

（5）城镇污水处理厂的进、出口均须采样监测。

（6）废水采样位置的具体设置要求、采样方法和样品的现场处理、流量测定按照《地表水和污水监测技术规范》（HJ/ T　91—2002）、《水质　采样技术指导》（HJ　494—2009）、《水污染物排放总量监测技术规范》（HJ/T 92—2002）和《水质样品的保存和管理技术规定》（HJ 493—2009）的规定执行。

（7）有条件的地方，对非稳定排放的废水污染源，可采用比例采样器采集废水样品。

（8）废气采样点位的位置条件、采样方法与操作、流量测定执行《固定污染源排气中颗粒物测定与气态污染物采样方法》（GB/T 16157—1996）的规定。

根据以上要求，通州区预计需要取样检测数量如表 1-4 所示。

表 1-4　通州区采样检测工作量统计　　单位：个

<table>
<tr><th rowspan="2">序号</th><th rowspan="2">污染源类型</th><th colspan="3">计划采样数量</th></tr>
<tr><th>废水</th><th>废气</th><th>固体废物（污泥）</th></tr>
<tr><td>1</td><td>工业污染源</td><td>1 100</td><td>800</td><td></td></tr>
<tr><td>2</td><td>集中式污染治理设施</td><td>218</td><td>134</td><td>50</td></tr>
<tr><td>3</td><td>入河（海）排污口</td><td>104</td><td></td><td></td></tr>
<tr><td>4</td><td>畜禽养殖企业</td><td>120</td><td>45</td><td>30</td></tr>
<tr><td>5</td><td>餐饮业</td><td></td><td>112</td><td></td></tr>
<tr><td>6</td><td>汽车维修业</td><td></td><td>50</td><td></td></tr>
<tr><td rowspan="3">7</td><td>居民生活消费品</td><td></td><td>最终统计数量的 20%，预计 60</td><td></td></tr>
<tr><td>沥青混合料生产和摊铺过程</td><td></td><td>最终统计数量的 20%，预计 30</td><td></td></tr>
<tr><td>生活相关氮排放源</td><td></td><td>8</td><td>8</td></tr>
<tr><td colspan="2">总计</td><td>1 542</td><td>1 239</td><td>88</td></tr>
</table>

1.3.5 分析方法

监测分析方法原则上选用国家和环境保护行业监测分析方法标准，如表 1-5 所示。

表 1-5 重点污染源监测分析方法

项目		监测标准名或方法名	方法来源
废水监测	废水流量	废水流量计法、流速仪法、量水槽法、容积法、溢流堰法	HJ/T 91—2002 HJ/T 92—2002
	化学需氧量（COD）	重铬酸盐法	HJ 828—2017
	氨氮	纳氏试剂比色法	HJ 535—2009
		蒸馏-中和滴定法	HJ 537—2009
	石油类	红外分光光度法	HJ 637—2012
	挥发酚	4-氨基安替比林分光光度法	HJ 503—2009
	汞	冷原子吸收分光光度法	HJ 597—2011
		《高锰酸钾-过硫酸钾消解法　双硫腙分光光度法》	GB 7469—87
	镉	原子吸收分光光度法	GB 7475—87
		双硫腙分光光度法	GB 7471—87
	六价铬	二苯碳酰二肼分光光度法	GB 7467—87
	总铬	高锰酸钾氧化-二苯碳酰二肼分光光度法	GB 7466—87
	铅	原子吸收分光光度法	GB 7475—87
		双硫腙分光光度法	GB 7470—87
	砷	二乙基二硫代氨基甲酸银分光光度法	GB 7485—87
	氰化物	《水质　氰化物的测定　异烟酸-吡唑啉酮分光光度法》	HJ 484—2009
	总磷	钼酸铵分光光度法	GB 11893—89
	总氮	碱性过硫酸钾消解紫外分光光度法	HJ 636—2012
	pH	玻璃电极法	GB 6920—86
废气监测	废气流量、颗粒物	《固定污染源排气中颗粒物测定与气态污染物采样方法》	GB/T 16157—1996/XG1—2017
	二氧化硫	碘量法	HJ/T 56—2000
		定电位电解法	HJ 57—2017

续表

项目		监测方法	方法来源
废气监测	挥发性有机物	《环境空气　挥发性有机物的测定　吸附管采样-热脱附/气相色谱-质谱法》	HJ644—2013
	铅	《环境空气　铅的测定　石墨炉原子吸收分光光度法》	HJ539—2015
	氮氧化物	盐酸萘乙二胺分光光度法	HJ/T 43—1999
		《固定污染源排气中氮氧化物的测定　紫外分光光度法》	HJ/T 42—1999
燃料成分	煤的灰分	《煤的工业分析方法》	GB/T 212—2008
	燃料含硫量	《煤中全硫的判定方法》	GB/T 214—2007
		《深色石油产品硫含量测定法（管式炉法）》	GB/T 387—1990
		能量色散 X 射线荧光光谱法	GB/T 17040—2008

对于技术成熟、具备仪器设备条件的新的监测技术方法，并经过方法精密度、准确度和适用性检验后，也可以采用。如流动注射法（氰化物、氨氮、挥发酚、总磷、总氮）、等离子光谱/质谱法（ICP/MS）（镉、铅、砷）、原子荧光法（汞、砷）。

1.3.6　质量保证

普查样品的采集、制备、流转、保存、分析测试、结果报告等过程的质量保证与质量控制应严格按照《北京市通州区第二次全国污染源普查采样检测服务质量保证和质量控制技术规定》执行。

1. 监测方法的选择

在普查监测中，要根据排污企业的污染特征和待测组分的情况，权衡各种影响因素，有针对性地选择最适宜的监测方法。采样检测服务单位可优先选用《水和废水监测分析方法》（第四版）及《空气和废气监测分析方法》（第四版）中的 A 类方法，即为国家或行业的标准方法，且所选方法必须通过计量认证或认可。

检测实验室应在正式开展普查样品分析测试任务之前，参照《环境监测　分析方法标准制修订技术导则》（HJ 168—2010）的有关要求，完成对所选用分析测试方法的实验室内方法确认，并形成相关质量记录。必要时，应建立实验室分析测试方法的作业指导书。

2. 人员素质要求

环境监测人员操作技能的高低、工作责任心的强弱都会主观地影响监测结果的准确性。在普查监测中，要求监测人员必须具备良好的职业道德、较强的工作责任心和较高的环境监测技能，并获得相关检测员合格证书，且所测项目不得超出合格证中规定的项目范围，并应持证上岗。

负责采样检测服务的单位应进行严格把关，在日常工作中要不断加强对监测人员的职业道德培养和监测技能培训，努力提高监测人员的质量意识、技术水平和业务能力，保证监测工作符合规定要求。

3. 仪器设备要求

所有仪器设备均需通过计量检定或自校准，并在有效期内使用。对较常使用、监测结果影响较大的仪器，必须进行期间核查；对烟尘采样器，每季度至少进行一次流量校准和运行检查，对便携式烟气分析仪应做到每次使用前后均用与待测污染物浓度相近的标准气体进行标定，仪器的示值偏差不得大于±5%。

4. 实验室测试环境要求

要根据不同的监测要求设置相应的监测环境，对可能影响检测工作的环境因素进行有效的监控，确保监测结果的准确性和有效性。

实验室要保持清洁、整齐、安全的良好受控状态，不得在实验室内进行与监测无关的活动和存放与监测无关的物品。

5. 工况要求

污染源普查监测应在工况稳定、生产达到设计能力 75%以上的情况下进行。总体工况不能达到规定要求的，可根据污染源工艺和生产设施情况，分部分调整工况监测。对确实无法调整达到规定工况要求的，应在生产设施运行稳定的条件下监测。监测期间应有专人负责监督、记录工况，污染源生产设备、治理设施应处于正常的运行工况。

1.3.7 经费测算

通州区现场监测费用点源监测费用、非点源监测费用及普查现场监测数据的处理与统计分析费用三部分。按照国家和北京市的普查技术路线的要求，需要对重点污染源、集中式污染治理设施和入河排污口进行监测，根据监测结果计算排放量。现场监测费用包括点源监测费（含采样费用）、非点源监测费（含采样费用）。

1. 点源监测费用

（1）重点污染源需要监测项目。

废水污染物：COD、氨氮、总氮、总磷、石油类、挥发酚、氰化物、汞、镉、铅、铬、砷。

废气污染物：二氧化硫、氮氧化物、颗粒物、挥发性有机物、氨、汞、镉、铅、铬、砷。

（2）集中式污染治理设施需要监测项目。

废水污染物：COD、氨氮、总氮、总磷、BOD_5、动植物油、挥发酚、氰化物、汞、镉、铅、铬、砷。

废气污染物：二氧化硫、氮氧化物、颗粒物、汞、镉、铅、铬、砷。

（3）入河排污口需要监测项目。

废水污染物：COD、氨氮、总氮、总磷、BOD_5、动植物油。

对于点源监测费用报价可参考地方环境监测废物收费标准进行估算，包括水质化验分析过程的采样费用、前处理费用、仪器开机费用及监测分析费用等。相关交通工具和仪器设备租赁价格参考有关技术服务提供机构提供的报价。

2. 非点源监测费用

根据北京市第二次全国污染源普查的补充要求，非点源监测包括选取代表性下垫面和城市排水管网出口，在降雨过程中进行监测，包括 COD、氨氮、总磷、总氮等常规污染指标及汞、铅、锌等几项重金属指标，并开展全过程质控，摸清典型下垫面及降雨径流的污染特征，为污染总量估算提供基础。非道路交通机械尾气排放、城区降尘样品采集、道路交通源特征污染物排放情况采样和监测分析。

3. 普查现场监测数据的处理与统计分析费用

费用包括：开展数据处理分析，结合已有排放因子，分别核定重点污染源和非重点污染源排放量，核算全区或者乡镇污染物排放量；根据行业特征和管理需求，提出各类型排放源规模限制；从施工/种植需求出发，为规模以下非道路机械管理提供政策建议。为污染源数据库建库提供格式化基础数据，编制数据分析和审核报告，编制普查结果技术报告。

1.4　普查入户经验总结

1.“先行先试”开展试点填报

2018 年 9 月 13—17 日，以通州区宋庄镇为试点，开展入户调查试填报培训，又在小堡、翟里两个普查小区开展填报工作，形成了完善的入户调查填报机制。基于试点经验，完成了《通州区试点乡镇第二次全国污染源普查工作试点方案》。

2.“四分原则”开展普查培训

根据北京市通州区第二次全国污染源普查整体工作计划，区普查办按照“分区域、分阶段、分对象、分内容”开展多次培训，避免重复作业，保证普查员掌握普查的相关知识和技能。完成了普查培训的视频、逐项填写指南、文字详解、技术支持手机 App 集中答疑网站、典型问题说明等，为普查技术支持提供便利。

3. 系统召开普查部署安排会，有序顺利推进入户普查

2018 年 10 月 11—25 日，区普查办在总结试点乡镇经验的基础上，分别组织各乡镇/街道单独召开 10 次乡镇/街道污染源普查工作部署推进会。宣传普查目的和意义，讲解入户调查工作流程，纳入普查单位普查材料准备清单和配合填报事项，强化普查四类人员、七个环节的工作内容和质控要求，制作责任清单和普查工作通讯录，并建立普查工作群，在线答疑。完成了《通州区各乡镇普查工作部署方案》《通州区污染源普查入户调查工作细则》。

4. 多方配合完成入户调查

乡镇普查机构落实属地管理职责，配合区普查办承担协调工作；企业积极履行自身义务，如实提供普查所需资料。普查员到现场监督指导，对普查中出现的问题及时进行处理或更正，不能现场解决的要及时上报，由区普查办及时沟通处理。多方配合，各司其职，保证通州区普查表填报质量。

5. 强化普查质控，确保报表质量

为提高普查填报质量，确保质控成效，第三方技术服务单位跟踪入户 14 天，完成了对所有乡镇/街道和大多数普查员的第一线技术支持工作，现场发掘问题，及时归纳总结，为后期质控做好准备。提交了《通州区第二次全国污染源普查入户调查工作现状和改进建议》《通州区污染源普查全过程质控方案》《通州区第二次全国污染源普查加强入户调查工作质量控制的具体要求》。编制了各类普查对象的分类质控详细方案和普查入户报表质控单、质控汇总表，编制了分类的入户普查表填报工作指南；构建了红、橙、绿、蓝的分类质控标识体系，构建了各级质控过程信息化管理系统。编制了普查质控工作细则，完成了分行业普查表分级质控和校核技术指南。根据实际工作经验，编制了“第二次全国污染源普查实践系列丛书”，包括《区县污染源普查工作方案编制要点》《区县污染源普查清查工作技术指南》《区县污染源普查入户工作指南》。

第2章　区县污染源普查乡镇试点经验

2.1　试点乡镇普查工作实施方案

2.1.1　技术路线和方法

1. 技术路线

普查试点工作技术路线为：基于清查纳入普查源清单，普查范围和培训范围由小及大，普查示范类型尽量涵盖全面，加强全过程跟踪质控和数据审核，重视中间节点和质量调度，重视发现问题、汇总问题和解决问题，全面推广和铺开普查宣传工作，兼顾现场监测和排放量核算工作，提出通州区普查试点工作总结，为下一步全区全面开展普查工作奠定坚实的基础。

2. 普查方法

（1）入户调查。

向普查对象发放需要填写的基层表，由普查员入户协助企业完成普查表的填报工作。大部分普查表需要以这种方法完成。

（2）抽样调查。

主要指农业源农村居民能源使用情况抽样普查表（S106表，详见5.2.3节）。对方案确定区域范围内的农户进行抽样调查，由抽样调查单位组织填报。抽样方案依照国家普查办下发的有关规定制定执行。

（3）现场监测。

对于列入《北京市通州区第二次全国污染源普查监测方案》中的必要监测项目和监测指标组织开展现场监测，对于无在线监测设施（一年至少四次）且无法采用产排污系数计算污染物产生量及排放量的企业，需要根据监测表的填报要求进行污染排放进出口补充监测。

（4）排放量核算。

采用监测数据法和产排污系数法（物料衡算法）核算污染物产生量和排放量。选取顺序如图 2-1 所示。

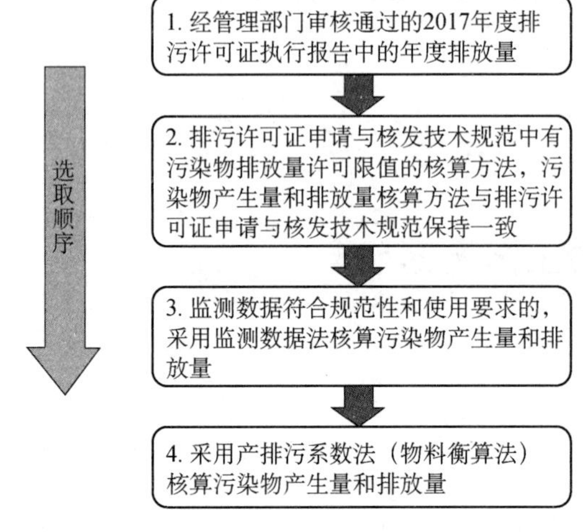

图 2-1　产生量和排放量核算方法选取顺序

2.1.2　工作内容

1. 确定普查“两员”

根据试点乡镇清查纳入普查污染源数量，确定试点乡镇普查指导员和普查员人数、人员，总体工作安排如下。

（1）聘用人数。

根据试点乡镇各项清查源数量，结合试点乡镇配备普查员数量，依据《关于第二次全国污染源普查普查员和普查指导员选聘及管理工作的指导意见》（国污普〔2017〕10 号）中普查员和普查指导员聘用数量要求，拟在试点乡镇投入普查员 18 名，普查指导员 2 名。其中，工业源和集中式污染治理设施普查员 6 人，行政村或规模化畜禽养殖普查员 8 人，生活源（入河排污口、非工业锅炉、餐饮服务业等生活源）普查员 4 人。

（2）选聘方式。

根据通州区上报北京市的“两员”选聘名录进行聘用，开展普查员和普查指导员培训考核，要求考核合格后方可进行成绩备案、登记造册、持证上岗。

（3）工作推进会。

8 月下旬召开试点乡镇普查员和普查指导员工作推进会，拟参与单位可包括区普查办、试点乡镇普查机构、第三方技术服务单位（包括咨询和入户调查单位）、普查员和普查指导员。推进会重点介绍通州区试点乡镇全面普查工作内容和进度安排、普查员和普查指导员选聘数量与质量要求、普查员和普查指导员主要工作职责任务和工作内容介绍、乡镇和第三方入户调查单位上报普查员时间节点和所提交的资料信息（如姓名、年龄、专业、工作经验等）等内容、普查员和普查指导员聘用管理办法和要求等。

（4）试点普查表技术培训。

8 月底前，由区普查办组织开展针对拟投入试点普查的普查员和普查指导员的普查技术培训，培训拟邀请国家或北京市第二次全国污染源普查相关专家予以授课，培训后开展随堂考核，按照 1.2：1 的培训聘用比例进行聘用，预计参加培训人数 24 人。

由区普查办技术组组织阅卷，考核合格且排名在前 20 名者正式作为试点乡镇工作开展的普查员或普查指导员，考核结果和相应人员信息报市普查办进行登记造册，颁发普查员或普查指导员证。考核不合格或成绩排名在倒数 4 人以内者，本次不得聘入普查队伍。

（5）信息公示。

8 月底前，将经北京市普查办核准颁证的拟聘用普查员和普查指导员姓名、照片、专业、普查岗位等信息在通州区普查办网站、试点乡镇政府信息公示栏以及村委会信息公示栏处予以公示，公示期为 10 个工作日。

2. 确定试点行业企业

试点乡镇全面开展入户调查普查以前，根据污染源类型、工业企业行业类型、企业配合程度、所在普查小区等因素确定一部分先行先试普查对象，试点行业企业由区普查办与试点乡镇普查机构共同协商确定，原则上应包含所有需要普查的污染源类别，即工业企业、集中式污染治理设施、规模畜禽养殖、生活源和移动源。

其中，结合通州区和试点乡镇工业企业行业特点，先行先试的试点乡镇和试点企业建议包括食品制造、专用设备制造、电气机械和器材制造、非金属矿物制品业、金属制品业、纺织服装/服饰业、化学原料和化学制品制造业、家具制造业、印刷和记录媒介复制业和汽车制造业。

3. 开展试点培训

（1）试点普查培训。

8 月 27 日，区普查办在试点乡镇组织选定的试点行业企业召开普查表制度培训会，乡镇普查机构相关技术人员和试点行业企业环保部门负责人参与培训，下发普查表，提出入户时间进度安排，明确完成试点先行先试普查填报的时间节点，提出普查表填写质控要求和质控工作流程，为下一步全面推广普查工作奠定基础。

（2）全面普查培训。

在先行先试试点企业完成普查表填报及审核修改的基础上，9 月 3 日，召开试点乡镇全面普查工作调度会和普查表制度培训会。乡镇普查机构相关技术人员和乡镇纳入普查的普查对象环保部门负责人参与培训，下发普查表，提出入户时间进度安排，明确完成试点乡镇普查填报的时间节点，提出普查表填写质控要求和质控工作流程。

4. 开展普查宣传

制订试点乡镇普查工作宣传工作计划，乡镇普查机构组织召开针对各行政村、重点普查对象的宣贯会和沟通会，组织现场宣传活动，充分利用乡镇宣传牌、宣传栏、横幅等开展普查宣传工作。

在 8 月底和 9 月初开展现场集中宣传活动 2 次，为村委会和普查对象提供普查宣传手册。制作普查图解画册，助力试点普查工作推广。

5. 入户调查

入户调查工作包括入户准备、组织实施、调查承诺、开展调查、数据收集、解释、填报、录入、上传、审核、验收、数据汇总分析，召开试点工作普查中期总结会，召开继续培训；组织开展各环节普查质量控制工作；借助购买第三方技术服务和信息化手段，提高普查效率，总结填报过程试点经验；建立有效的沟通汇报机制，对手持移动终端、电子表格、纸质表格的填写上报等技术问题及时汇报。

8 月 27—31 日，有序开展试点乡镇试点行业企业普查工作，同期开展普查质控和质量核查工作，对试点企业报表填报结果进行总结，形成典型工业企业普查表填报样表；9 月 3 日，召开试点乡镇全面普查工作调度会和普查表制度培训会，除乡镇普查相关人员以外，拟邀请其余乡镇普查机构负责人和技术组参加；9 月 4—10 日，全面开展乡镇普查工作，含入户调查、抽样调查、统计报表、现场监测、质量控制等具体工作。

6. 后勤保障

（1）制度保障。

制定《通州区第二次全国污染源普查入户调查工作程序管理办法》，对入户准备、入户流程、调查技巧、调查要求、质量要求、绩效责任、考核要求、奖惩制度等做明确规定。确保入户前准备充足、入户中依法依规、入户后质量可控。

（2）人员保障。

①区普查办人员保障情况：

人力资源岗 1 人驻区普查办：对普查指导员负责人进行协调管理，上传下达，与普查办、乡镇普查机构、普查指导员负责人沟通衔接，负责驻区普查办人员的日常工作考勤等管理；负责区普查办后勤管理［餐饮、卫生保障（保洁）、会议准备等］；

宣传策划 1 人驻区普查办：宣传事务上传下达，宣传按时推进，网页等更新维护；

质控校核负责人 1 人驻区普查办：传达国家/市的质控要求，向区普查办提交相关统计表和调度表，汇报质控校核进展，组织编制质控报告，终审校核；

质控校核技术员 1 人（兼档案管理员）驻区普查办：协助质控校核负责人开展相关质控校核工作和表格准备工作；承担档案管理工作，接收乡镇或普查对象提交的材料（纸质版材料），登记归档；电子版档案整理归档；

数据录入审核技术员 4 人驻区普查办：负责各组普查指导员/普查员数据上报的初审和数据录入工作，与各组指导员及时沟通反馈，承担各单位普查指导员的组长负责职能，与人力资源负责人和各组指导员上传下达、协调沟通。

②现场人员保障情况：

入户调查需要有两名普查员同时入户，普查员需要对普查表内容熟悉、熟知填报相关要求、熟练掌握填表软件的使用，有效帮助普查对象完成报表填报。

试点阶段，每一类污染源普查表要求质控组至少跟踪入户一家，全过程进行填表质控和现场指导，记录发现的关键问题和存疑点，为后续质量把控和数据审核提供依据。

（3）交通保障。

通过前期协调沟通，由乡镇普查机构、入户调查第三方技术服务单位等共同协商完成入户调查交通保障，确保普查员按时抵达普查对象单位，确保入户调查效率。

（4）资金保障。

区普查办负责监督、落实试点乡镇普查工作各项资金保障，确保普查试点工作顺利开展。

7. 试点总结

开展试点乡镇普查工作总结，对普查表填报过程中发现的主要问题、解决方案等进行逐一归纳整理，对关键质控环节提出建议，对报表的审核提交提出过程建议，对普查工作开展的工作流程、制度建设、管理要求提供借鉴和经验。

2.1.3　质量控制

现场普查员需要对普查表内容、指标填报是否齐全以及是否符合报表制度的规定和要求等进行审核。填报结束后可通过拍照、复印、扫描等形式备案佐证资料关键信息。

普查指导员在普查员现场审核的基础上，对普查表中数据的完整性、合理性和逻辑性进行全面审核，必要时应开展现场检查与核实。

各级普查机构应组织相关部门专家对辖区内普查对象填报数据进行审核，对排放量占比较大的普查对象进行重点审核。

各级普查机构应根据审核过程中发现的问题组织相关部门专家对普查对象随机进行现场检查，以解决审核过程中发现的重点问题。

1. 质控内容

质控内容主要包括：

入户质控：入户准备材料情况，包括普查员证、致普查对象的一封信、承诺书等；入户资料收集情况，包括佐证资料照片等；报表填报情况，包括报表是否填写完整、信息是否准确、是否存在逻辑性错误等；

数据质控：包括填报数据初步校核，对产生量和排放量的校核，对报表数据内部相关性的审核，对不同报表之间数量对应关系的审核，对所填行业与报表类型是否对应的审核等。

2. 质控流程

现场质控：试点行业企业填报期间，质控人员应进行现场跟踪，对试点填报单位进行指导性填报和现场质控；

普查员初级审核：全面普查阶段，普查员应承担初级审核职责，确认企业盖章，发现问题及时与质控人员和普查指导员沟通；

普查指导员二级审核：普查指导员对普查员递交的普查表进行二级审核，并对佐证材料进行核对，如发现问题应及时与普查员沟通返回修改；

数据终审：区普查办质控人员对普查表进行最终校对，包括各项指标是否填报完整、满足普查表填报要求，报表数据可否通过逻辑审核，利用产排污系数或监测数据计算结果是否合理。

2.1.4 进度安排

8 月 16 日，提交通州区试点乡镇普查工作实施方案；

8 月 21 日，召开通州区第二次全国污染源普查清查工作总结会暨试点乡镇普查工作推进会；

8 月 23 日，组织拟派试点乡镇普查员和普查指导员进行技术培训并随堂考核；

8 月 27 日—9 月 7 日，将经北京市普查办核准颁证的拟聘用普查员和普查指导员信息予以公示；

8 月 27 日，组织选定的试点乡镇试点行业企业召开普查表制度培训会，启动试点乡镇入户调查宣传活动；

8 月 27—31 日，有序开展试点乡镇试点行业企业普查工作，同期开展普查质控和质量核查工作，对试点企业报表填报结果进行总结；

9 月 3 日，召开试点乡镇全面普查工作调度会和普查表制度培训会，除试点乡镇普查相关人员以外，拟邀请其余乡镇普查机构负责人和技术组参加；

9 月 4—10 日，全面开展试点乡镇普查工作，含入户调查、抽样调查、统计报表、现场监测、质量控制等具体工作；

9 月 10—13 日，对普查数据进行核查与核算，对有问题的数据进行返回修改，撰写通州区试点乡镇普查工作总结报告；

9 月 14 日，召开通州区第二次全国污染源普查试点工作总结会，拟邀请通州区各乡镇普查机构负责人和技术人员参加。

2.1.5　计划产出

（1）试点乡镇普查工作总结报告（含培训材料、工作方案、质量核查报告等）。

（2）试点乡镇普查宣传工作成果报告（含图像影音）。

2.2　试点乡镇培训计划

2.2.1　培训目标

根据北京市通州区第二次全国污染源普查整体工作计划，针对试点乡镇开展普查技术培训，落实全区普查工作内容，开展普查表填报技术指导，加强普查期间工作程序、现场质控、报表质控的相关工作成效要求，为顺利推进乡镇试点普查工作、进一步开展全区普查工作提供技术支撑和工作基础。

2.2.2　培训日程

培训地点为通州区试点乡镇政府。培训时间为 2018 年 9 月 12 日 9:00—17:00，日程如表 2-1 所示。

表 2-1 培训日程及内容

序号	时间	培训内容	主讲老师
1	9:00—9:20	北京市通州区污染源普查内容和试点乡镇普查工作计划	
2	9:20—12:00	普查的技术要求（1）	
12:00—13:00		午餐	
3	13:00—15:00	普查的技术要求（2）	
4	15:00—15:30	填报工作的若干具体工作要求	
5	15:30—16:00	培训、指导、宣传工作的说明	

备注：会务管理和沟通指导　负责人：　电话：
会议饮水　负责人：　电话：
会议午餐　负责人：　电话：

2.2.3 主要培训内容

1. 整体介绍通州区污染源普查的具体内容和试点乡镇先行先试的详细计划

2. 普查的技术要求

（1）填报要求：各类普查表填报要求及相关解释。

（2）软件工具：普查终端的使用情况。

（3）入户技巧：如何开展入户调查工作，携带哪些资料，如何与企业沟通以及进行现场拍照的要求等。

（4）典型问题补充说明：针对容易混淆的填报指标及填报疑问进行解答。

3. 加强试点和预填报工作成效的具体工作要求

（1）目标：确保普查员熟练掌握普查表的填报技巧及与企业的沟通技巧。

（2）原则：完整性、准确性、规范性。

（3）工作内容和程序规定：工作量和工作机制的要求、奖惩，质控与通报制度。

（4）若干任务下达，人员组织、任务执行、质控回收的后续细化要求与规定。

4. 关于加强培训、指导、宣传工作的说明

（1）视频：录制的培训视频。

（2）网络：利用网络下载相关资料进行学习。

（3）Step By Step：填报说明视频。

（4）PDF：填报说明文件指导。

（5）微信群：随时提问，集中答复。

（6）App：利用开发软件上传资料以供参考。

（7）典型问题：针对比较常见的问题进行统一解答。

2.2.4　培训注意事项

1. 纪律要求

（1）参加培训人员入场签到。

（2）请勿在会场内随意走动、大声喧哗。

（3）根据安排按时参加培训。

（4）手机保持静音。

2. 电脑

参加培训人员携带笔记本电脑（至少 3 人一台）。

2.3　试点乡镇试填报工作计划

2.3.1　目的

（1）为顺利开展下一步通州区全面入户普查工作，确保参与培训的每名普查指导员熟练掌握普查表的填报技巧；

（2）选取试点乡镇典型的工业企业，进行试填报，发现填报过程中存在的问题，及时进行修改，为试点乡镇全面开展入户调查工作做好准备；

（3）通过试点乡镇试填报工作，培养出部分能够掌握普查填报技术的普查指导员，为后续试点乡镇全面的工作开展做好准备。

2.3.2　时间与地点

（1）工作部署安排会：

地点：乡镇政府；时间：2018 年 9 月 4 日上午。

（2）试点行业企业入户试填报：

地点：相关企业；时间：根据现场实际情况提前安排好入户调查日程（9 月 5—6 日）。

2.3.3 参会人员

（1）区普查办技术人员：1 人；

（2）试点乡镇普查机构人员：2～3 人；

（3）第三方技术服务单位技术人员：3～4 人；

（4）普查指导员：4～6 人；

（5）普查对象：约 6 家。

2.3.4 会议议程

会议议程如表 2-2 所示。

表 2-2 会议议程情况

序号	名称	时间/min	人员
1	简要介绍污染源普查工作背景、目的	5	区普查办
2	简单介绍普查对象准备普查资料清单	10	第三方
3	普查对象要配合普查工作，依法填报普查数据	5	乡镇普查机构
4	现场安排好入户调查行程，要求每个普查对象安排 1 名负责人在场，建立微信群，填报过程中，有问题及时沟通交流	30	集体讨论
5	每天工作结束后，召开调度会（开展填报数据分析，制定填报样表）	待定	质控人员与普查指导员

2.3.5 入户调查填报工作程序

入户调查填报工作程序如图 2-2 所示。

2.3.6 企业入户前准备材料清单

（1）加载统一社会信用代码的营业执照，或组织机构代码证。

（2）企业 2017 年主要产品产生量以及原辅料、能源（煤、油、燃气、电）、水的消耗台账/收据/发票。

（3）企业环境影响评价文件及批复。

（4）2017 年企业年污染治理设施运行记录及各种监测报告（废气污染物自动监测数据报表以及监测频次不低于每季度 1 次的废水污染物监测数据）。

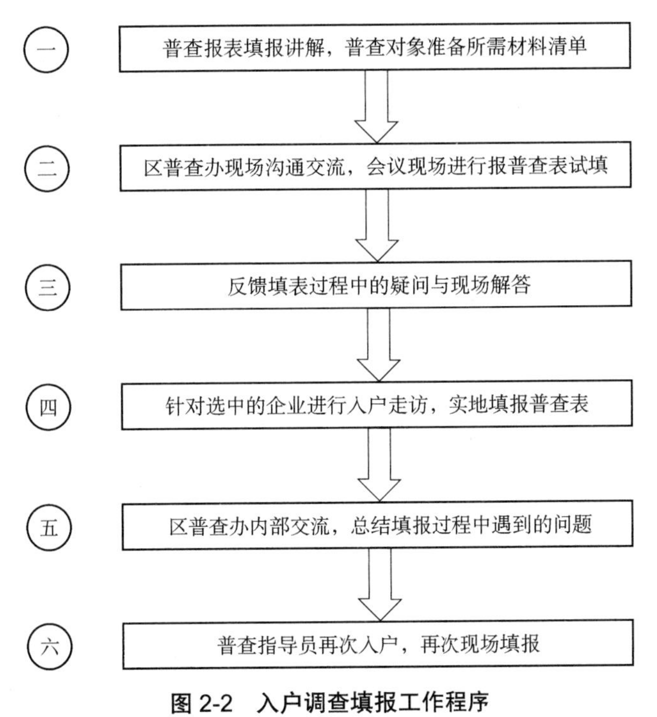

图 2-2　入户调查填报工作程序

（5）企业锅炉或者炉窑运行台账。

（6）企业一般工业固体废物产生处理台账（2017 年产生、利用、处置、贮存量）。

（7）企业危险废物产生处理台账（2017 年产生、处置、贮存量）。

（8）企业突发环境事件应急预案。

（9）厂区平面布置图。

（10）主要工艺流程图/水平衡图。

（11）2017 年度排污许可证年度执行报告（用执行报告填报排放量的必须提供）。

2.3.7　填报注意事项

（1）完整度：按照普查表的填报要求，确保应填尽填，逐一仔细核实编号、名称、污染物、排放量、单位、备注等，确保没有任何遗漏、错误、偏差和混淆；

（2）准确度：严格按照填报要求以及指标解释中的要求，确保每项指标填报准确，应仔细校核单位、符号、污染物名称、代码、行业等，用词规范准确；

（3）规范化：入户填报过程中参考的依据及材料，注意复印备份或者拍照留存。入户普查员在入户填报时需明确记录填报日期、参加面谈人员、参加面谈人员是否交代清楚填表必要的内容，填报信息是否满足要求，是否需要进一步核实等情况；

（4）程序化：要求普查程序合规，满足国家和省级普查要求，入户普查要求由普查人员和乡镇陪同人员组成，普查员和普查指导员要进行村级公示。严格保证普查员和普查指导员人员数量、着装和语言文明规范。

2.3.8 会务保障

1. 会议部署

乡镇普查机构负责。

2. 试点行业企业入户填表

现场与企业提前沟通确定好时间，沟通相关要求，安排好入户调查行程。

2.3.9 试填报问题讨论及总结

1. 第一组讨论问题（工业源、集中式源）

（1）仅仅有手写下脚料售卖记录是否可以作为填报凭证？

答：如果只有手写记录，也可以作为填报依据。

（2）污水处理厂监测数据，需要去第三方技术服务单位临时获取，浪费入户时间。

答：负责该企业入户调查的普查员与普查指导员，需要提前与企业取得联系，要求其提前准备好相关材料。

（3）环境影响评价仅仅有批复文件，不能提供环境影响评价书，这种情况如何处理？

答：通州区环保局把历年环境影响评价书及批复拿到区普查办，安排专人在区普查办进行后台技术支持，随时提供相关技术文件。

（4）各个普查入户小组在入户调查前，注意与普查对象联系沟通方式。

答：通州区普查办统一的联系模板（见 1.2.3 节附件 4 入户调查前电话联系模板）供普查员入户前与普查对象联系沟通参考，做好普查入户前企业方需要提前准备的材料清单；同时“两员”入户调查时，参考通州区普查办入户调查模板（见 1.2.3 节附件 5 入户调查时沟通模板）。

2. 第二组讨论问题（工业源）

（1）全年停产的情况，如何填写产品及原辅料情况？

答：主要产品以及原辅料名称需要填写，生产能力按照假设没有停产可以生产的产量进行填写，实际产量填写 0。

（2）所有业务都是外包，从外边购买零部件，自行组装，是否作为原料填写？

答：在生态环境部第二次全国污染源普查工作办公室提供《工业行业污染核算用主

要产品、原料、生产工艺分类目录》之前，涉及的主要原辅料及产品，暂时需要填写。

（3）填写“工业企业突发环境事件风险信息”普查表（G105，详见第 5 章）时，如何识别是否是要求的风险物质？

答：在《第二次全国污染源普查制度》中的附录（六）中，列举了突发环境事件风险物质及临界量清单，按照清单列举的物质进行选取填写。

（4）核对数据时，注意生产总值单位是千元，注意与企业规模指标相互审核。

（5）若小型企业的工业总产值是通过计算得出的，需要简单记录计算过程。

3. 第三组讨论问题（工业源）

（1）普查员要提前联系普查对象，提前给普查对象发放普查表，要求其按照清单提前准备普查填报所需的材料，否则可能出现现场材料不齐或未能完成入户填写等问题。

（2）企业已经停产，厂内只有锅炉（普查时，针对锅炉填报范围是 1 蒸吨/h 以下的，建议工业企业的锅炉也要填写）的情况。

（3）工业企业涉及的生活源锅炉等信息在清查过程中虽然已经填报过，但是由于普查和清查填报范围有所区别，且编码部分会有一定量的异同，所以建议普查入户调查过程中重新填报。

4. 第四组讨论问题（集中式源）

（1）集中式污水处理厂，三家运营单位是一家，定位排污口位置不能走过去，怎么办？

答：坐标定位时，尽量靠近排污口的位置，同时注意安全。

（2）填写受纳水体该项指标时，不能确定所属流域怎么办？

答：若排污口在相对较小的沟、渠，可能不在国家提供的河流名称与代码中。可先对相应的沟、渠名称进行记录。后期联系通州区水利局，出具一个相应的河流水系清单，在填报过程中如果直排的沟、渠不在后期国家提供的河流名称与代码清单中，可选取沟、渠排入的下一级河流进行填写（如果确定没有废水，不用填写排放受纳水体）。

（3）有的企业确定废水全部内循环，是否需要填写“工业企业废水治理与排放情况”普查表（G102，详见第 5 章）？

答：首先，要参考环评报告，确定是否有废水排放，如果有废水产生，仍需要填写“工业企业废水治理与排放情况”普查表。

5. 第五组讨论问题（工业源）

（1）临时堆放的废弃铁屑，过一段时间卖到废品回收站，是否需要填写“工业企业一般工业固体废物产生与处理利用信息”普查表（G401-1，详见第 5 章）？

答：有一般工业固体废物产生的工业企业，需要填写“工业企业一般工业固体废物产生与处理利用信息”普查表。需要出具买卖废弃物记录和相关协议，表中“一般工业固体废物贮存处置场情况”指将一般工业固体废物置于符合《一般工业固体废物贮存、处置场污染控制标准》（GB 18599—2001）规定的永久性的集中堆放场所，临时堆放场所不需要填写表中“一般工业固体废物贮存处置场情况”。

（2）食品加工，排出的废水（刷锅水等），是否按工业废水填报？

答：如果是从生产车间产生并外排的废水，需要填写 G102-1（详见第 5 章）。

（3）树脂作为原料，加热产生废气，不知成分，也不知多少；有气体，无法计量，怎么办？

答：参考环评报告、验收报告，查看是否有符合核算的监测数据，如果没有符合核算的监测数据，采用产排污系数法核算企业污染物产生量与排放量。

6. 第六组讨论问题（工业源）

（1）调味品厂的废水池子，没有排放，废水统一交给污水处理厂，是否需要填写“工业企业废水治理与排放情况”普查表（G102）？

答：需要填写。去向填写“污水处理厂”。同时需要提供废水处置协议和废水处置记录。涉及废水污染物排放量计算的，需要结合污水处理厂信息填报。

（2）燃气锅炉要归为工业锅炉，没有符合核算的废气污染物排放监测数据的，采用产排污系数法核算。

（3）锅炉铭牌拍照不方便，太高，怎么办？

答：在相应锅炉的其他资料里找。

（4）机械制造中涉及零件收回组用于组装的情况，原辅材料不好计数怎么办？

答：在国家提供《工业行业污染核算用主要产品、原料、生产工艺分类目录》之前，选取填报与污染物产生、排放密切相关的主要原料。

7. 第七组讨论问题（工业源、农业源养殖场、生活源）

（1）领导不在，需要的材料打电话记不住，怎么办？

答：提前给普查对象下发需要准备材料清单，留给充足的准备时间。

（2）行政村村委会填报的生活源普查表 S101、S102，已有电子版数据，还需要拍照吗？

答：如果不方便拷贝备份，可以不拍照留证，核对其中逻辑错误即可。

（3）普查表审核人落实不到具体的人的话，怎么办？

答：可以填写同一个人，后期企业盖章。

（4）通州区填写到“地（区、市、州、盟）”还是填写到“县（区、市、旗）”级别？

答：填写到“县（区、市、旗）”级别。

（5）地理坐标经纬度误差问题。

答：秒可以有相对应的误差，后期使用普查终端，不用手写，直接定位记录到终端中。

（6）规模化畜禽养殖场中的原水储存设施类别不在已经给出的四种类型中，如何填写？

答：需要与农业部门对接，请示后，统一标准。

（7）饲养阶段“饲养周期”指标，针对不同阶段的饲养周期是否有参考标准？

答：我们会请区农业局中负责畜禽养殖的工作人员在线解答。

（8）关于规模化养殖场场主不配合的问题，我们下次让农业局联系一起入户填表。

8. 第八组讨论问题（工业源、农业源养殖场、生活源）

（1）工业企业，废水全部再循环，怎么办？

答：有废水产生，也要填 G102 工业企业废水治理与排放情况普查表，同时，需要参考环评报告，注意渗出液。

（2）是否完全按照质控单上所列留证材料进行拍照留证，就可以满足国家普查办要求？

答：国家普查办质控单未出具，可以暂时按照通州区掌握的质控单留证。

（3）谁去和企业联系，怎么联系？

答：对于试点乡镇，区环保局先召集普查对象召开部署会，做好具体分组，再安排相应的普查员自行联系各自负责的组。

（4）正常生产时间是否可以自我计算？

答：如生产了四个月（1—4 月），可以自己去推算，每天生产时间×天数。

（5）生活源，行政村填写的 S101 和 S102，厕所使用情况等细节问题，如何填写？

答：根据村委会实际掌握的真实数据填写，村委会比较清楚他们的情况，普查员根据逻辑关系做好现场校核，最后由村委会盖章。

9. 第九组讨论问题（工业源、养殖场）

（1）“工业企业突发环境事件风险信息”普查表（G105，详见第 5 章），生产涉及的风险物质，是否需要满足具体数量标准才填写，如企业有少量矿油和食堂的天然气是否填写？

答：生产过程中涉及风险物质的，均需要填报本报表。但若相关物质不是生产过程中使用的，且量很少，根据实际情况和管理需求各地自行确定是否纳入普查，地方认为确无突发环境事件风险的，可以不纳入。

（2）养殖场有锅炉的，填哪个表格？

答：须按照非工业企业单位锅炉污染及防治情况 S103 表填报锅炉信息。

（3）其中一家生态园，如果没有养殖，只有种植，怎么填？

答：种植业不应该纳入普查，不需填写普查表，同时注意及时上报给区普查办，由区普查办逐级上报市普查办。

10. 第十组讨论问题（工业源）

（1）针对《普查表制度》前后翻阅不方便问题。

答：会制定常见的企业类型+普查表+相应的指标解释（如机械装配，要填的普查表和指标解释）。

（2）表 G103-1，锅炉发电量如何填报？

答：按照对应的锅炉 2017 年实际运行发电量记录填写。

（3）涉及军工汽修、柴油使用量等敏感信息，如何填报？

答：先备注具体情况，并注意上报。

11. 其他问题

（1）入户调查时的出行方式问题。

答：可以将距离较近的企业分到同一组，车辆问题由区普查办入户组负责解决。

（2）备注方式：可以用铅笔在普查表中进行简单的备注，记录在普查中遇到的问题及还需要注意的细节，方便后期对普查表进行优化和校对。

（3）企业重视程度不够：一方面，和企业进行沟通，另一方面，请当地村委会或相关机构进行协调。

（4）环评中没有但实际中存在的：按照实际情况填写，并说明实际数据。

2.4 试点乡镇普查入户调查经验总结

根据北京市要求与安排，选取通州区宋庄镇为北京市普查试点乡镇，区普查办高度重视宋庄镇普查工作，高质量、高要求地按时完成了宋庄镇的普查工作。同时结合宋庄镇普查工作的开展，培养出能够熟练掌握普查表填报技巧的普查指导员及普查员。

根据《通州区第二次全国污染源普查工作实施方案》，在全区范围内全面开展普查工作以前，选取通州区宋庄镇开展试点普查工作，在满足北京市普查办要求的前提下，同时有助于验证通州区普查员和普查指导员聘用管理机制、入户调查工作机制和质量控制方法的合理性和适用性，有助于及时发现普查阶段的各类关键问题，锻炼普查员和普查指导员队伍和能力建设，为通州区普查工作的全面实施提供保障。

普查试点乡镇宋庄镇普查入户调查投入人员组成主要包括：区普查办工作人员、区普查办技术人员、宋庄镇普查机构工作人员以及根据宋庄镇普查工作量确定的 50 名普查指导员。

区普查办工作人员负责工作部署与监督。区普查办技术人员负责普查技术培训、普查技术指导以及质控。宋庄镇普查机构工作人员负责联络与带路，保障普查工作的顺利开展。50 名普查指导员负责入户调查。四类人员各司其职，互相配合，为保障试点乡镇普查工作顺利开展做好充分准备。

同时，全程参与宋庄镇普查工作的 50 名普查指导员，通过宋庄镇普查工作的开展充分掌握普查工作开展机制以及普查表填报技巧，该 50 名普查指导员在通州区其他乡镇的普查入户调查过程中，将会担任对应污染源普查技术组组长，指导对应的普查员完成对应乡镇的普查工作。

宋庄镇普查入户调查共分为 3 次入户调查、1 次普查技术培训以及两次主要的组织调度，集中讨论填报过程中存在的问题。按照工作开展的时间顺序分别做如下介绍：

（1）2018 年 9 月 4 日开展典型行业试填报工作。

选取宋庄镇翟里村、小堡村各 3 家具有代表性的典型行业的企业进行试填报工作，本次试填报是为了摸清宋庄镇典型代表行业的企业填报工作量，为下一步的人员分配做好准备，同时通过本次小规模典型代表行业的企业的试填报为下一步的普查技术培训提供针对性经验指导。

（2）2018 年 9 月 17 日开展普查技术培训与针对性入户调查填报指导工作。

本次普查技术培训是在前期宋庄镇典型行业的企业试填报工作的基础上，组织开展的普查技术培训，培训内容主要如下：普查表整体结构的介绍；工业源、农业源、生活源、移动源以及集中式污染治理设施普查表重要指标填报技巧讲解；入户调查技巧及注意事项讲解；普查终端使用简单介绍以及宋庄镇普查工作机制及相关要求介绍。同时区普查办技术人员提供了如下普查技术指导文件：A 类指导文件，普查表填报培训视频；B 类指导文件，“手把手教您填写普查表”；C 类指导文件，普查表填报文字详解、普查表 PDF 填报说明文件以及网站、App 助手等多种普查填报技术指导方式。为下一步的普查入户调查填报提供了强有力的支持。

（3）2018 年 9 月 17 日开展试点小区（翟里村、小堡村）试填报工作。

在宋庄镇全面普查工作开展前，选取宋庄镇翟里村、小堡村两个普查小区再次开展试填报工作，一是为了检验普查技术培训的效果，二是继续发现普查填报中存在的问题并予以解决，为下一步的宋庄镇全面普查工作做好充分准备。

（4）2018 年 9 月 18 日在区普查办，针对宋庄镇翟里村、小堡村普查填报存在的问题，集中讨论解答。北京市普查办工作人员也受邀参与填报问题讨论，并给予问题解答及技术指导。

通过本次调度会，每组参与宋庄镇试点小区（翟里村、小堡村）试填报工作的普查员都提出自己填报过程中存在的问题与困难，区普查办技术人员做好记录与整理，形成普查技术问题答疑单，并形成普查样表，按照要求及时发送北京市普查办。

通过本次试填报工作，形成了切合实际且有助于填报的《提前准备材料清单》《普查质控单》《普查入户流程和质控流程》《普查表提交流转单》《入户沟通模板》等文件，全面助力宋庄镇开展普查入户调查工作。

（5）2018 年 9 月 24 日开展宋庄镇全面普查工作。

在前期工作的基础上，通州区于 2018 年 9 月 24 日开展宋庄镇全面普查工作，按时保质地完成试点普查工作。

综上所述，简单总结归纳宋庄镇普查试点工作开展期间宋庄镇普查工作形成的成果，具体如下：共召开工作部署会 3 次，参与人数 163 人；技术培训会 2 次，参与人数 120 人；全部普查员和普查指导员入户普查人次达到 280 人，针对入户调查报表填报讨论会 4 次，填报工业源普查表 74 套、农业源（规模化畜禽养殖场）普查表 13 套、生活源普查表 47 套、集中式污染治理设施普查表 42 套等；制作普查培训视频 26 个、形成普查指导性文件 5 份、工作手册 1 套；质控单 2 份，普查表提交流转单 1 份。

同时，为了彰显通州区普查风采，区普查办要求普查员与普查指导员在普查入户调查时，务必保证形象良好，要求：①规范佩戴“两员”证件；②着统一下发的普查专用马甲；③佩戴统一下发的普查专用双肩包；④携带统一下发的普查专用笔记本，并做好相关记录；⑤严禁出现普查员着奇装异服、穿拖鞋、染发等行为。入户调查语言沟通方式按照制定的沟通模板，结合实际自行安排。为普查工作顺利进行提供一定的保障。

在入户调查工作完成后，普查表的质控也是普查数据保障的一大关键要素，为此制定了多级审核流程。

①现场质控：试点行业企业填报期间，质控人员现场抽样跟踪，对试点填报单位进行指导性填报和现场质控；

②入户普查指导员初级审核：宋庄镇全面普查阶段，入户普查指导员应承担初级审核职责，确认填报指标完整、填报规范合理，发现问题及时提醒普查对象进行补充完善，并与质控人员和其他普查指导员沟通；

③入户普查指导员二级审核：普查指导员对入户普查指导员递交的普查表进行二级审核，并与佐证材料进行核对，如发现问题应及时与入户普查指导员沟通返回修改；

④数据终审：区普查办质控人员对普查表进行最终校对，包括各项指标是否填报完整、满足普查表填报要求，报表数据可否通过逻辑审核，利用产排污系数或监测数据计算结果是否合理。

第 3 章　区县普查入户培训指导和宣传

3.1　入户培训指导方案

3.1.1　培训目的

（1）为通州区下一步的全面入户普查工作顺利开展做好准备，保证通州区普查员与普查指导员熟练掌握普查表的填报技巧；

（2）第二次全国污染源普查内容多，通过普查技术培训，根据工作量做好任务分工，明确“两员”及普查对象的工作内容与对应职责，提高普查表填报效率；

（3）通过培训，全面动员全区普查对象与“两员”，充分调动通州区全区对普查工作的积极性；

（4）在普查前期，做好普查技术培训，为普查工作提前做好全面的质量控制。

3.1.2　培训对象

- 通州区普查员与普查指导员
- 乡镇网格员
- 乡镇环保科工作人员
- 区普查办工作人员
- 其他相关委办局工作人员

3.1.3　培训程序

（1）以通州区宋庄镇为试点，根据前期清查成果，确定该镇每类污染源（工业源、集中式源、生活源、农业源以及移动源）的数量，根据每类源的数量确定负责的

“两员”数量；

（2）集中举办针对普查技术整体以及各类污染源的普查技术培训；

（3）具体负责各类污染源的“两员”在自行学习、消化、掌握各自负责内容的普查表的填报技巧后，选取翟里村普查小区，在区普查办技术人员的带领下，入户实地调查，入户实地培训；

（4）根据选取的翟里村试点小区普查结果，进行整体讨论学习，确保每个普查员都掌握对应的普查表的填报；

（5）开展通州区全面普查技术培训。

3.1.4　培训材料

在国家普查培训基础上，区环保局、第三方技术服务单位内部组织普查表填报培训，形成培训材料，包括普查表 PDF 填报说明文件、普查技术培训讲解课件、普查表 Step By Step 填报说明视频。

（1）邀请生态环境部宣教中心录制普查技术培训课件：共 5 个，包括工业源、生活源、农业源、集中式源、移动源；

（2）制作普查表 PDF 填报说明标注：共 5 个，包括工业源、生活源、农业源、集中式源、移动源；

（3）制作普查表 Step By Step 填报说明视频。

具体普查表视频见表 3-1。

表 3-1　普查表填报说明视频

类别	序号	普查表名称	普查表表号
工业源	1	工业源普查表的组成分析	—
	2	工业企业基本情况	G101—1
	3	工业企业主要产品、生产工艺基本情况	G101—2
	4	工业企业主要原辅材料使用、能源消耗基本情况	G101—3
	5	工业企业废水治理与排放情况	G102
	6	工业企业锅炉/燃气轮机废气治理与排放情况	G103—1
	7	工业企业炉窑废气治理与排放情况	G103—2
	8	工业企业有机液体储罐、装载信息	G103—10
	9	工业企业含挥发性有机物原辅材料使用信息	G103—11
	10	工业企业固体物料堆存信息	G103—12
	11	工业企业其他废气治理与排放情况	G103—13
	12	工业企业一般工业固体废物产生与处理利用信息	G104—1

续表

类别	序号	普查表名称	普查表表号
工业源	13	工业企业危险废物产生与处理利用信息	G104—2
	14	工业企业突发环境事件风险信息	G105
	15	工业企业污染物产排污系数核算信息	G106—1
	16	工业企业废水监测数据	G106—2
	17	工业企业废气监测数据	G106—3
	18	伴生放射性矿产企业含放射性固体物料及废物情况	G107
	19	园区环境管理信息	G108
集中式源	1	集中式污水处理厂基本情况	J101—1
	2	集中式污水处理厂运行情况	J101—2
	3	集中式污水处理厂污水监测数据	J101—3
农业源	1	规模畜禽养殖场基本情况	N101—1
	2	规模畜禽养殖场养殖规模与粪污处理情况	N101—2
生活源	1	重点区域生活源社区（行政村）燃煤使用情况	S101
	2	行政村生活污染基本信息	S102
移动源	1	储油库油气回收情况	Y101
	2	加油站油气回收情况	Y102
	3	油品运输企业油气回收情况	Y103

3.1.5 培训内容

1. 集中培训

集中培训的具体内容及时间安排如表 3-2 所示。

表 3-2 集中培训内容及安排

序号	名称		时间/min	培训师资
1	全面培训	第二次全国污染源普查表制度总体框架	30	
2		第二次全国污染源普查入户调查方法	20	
3		质量控制和质量审核要求讲解	30	
4		试点乡镇入户普查开展方式及任务分工	40	
5	专项分类培训	工业企业普查表填报制度讲解	60	
6		电子电气和机械加工行业普查表制度详解	30	
7		生活源普查表填报制度讲解	40	

续表

序号	名称		时间/min	培训师资
8	专项分类培训	农业源普查表填报制度讲解	60	
9		集中式污染治理设施普查表填报制度讲解	40	
10		移动源普查表填报制度讲解	30	

2. 试点行业企业入户实地培训

选取翟里村为试点小区，每个普查员小组分配对应的企业开展入户调查，如表 3-3 所示。

表 3-3　翟里村入户调查普查员分配情况　单位：人

试点小区	工业源	生活源	集中式源	农业源
翟里村	9	6	3	4

根据选取的试点小区普查结果，进行整体讨论学习，确保每个普查员都掌握对应的普查表的填报。

3. 通州区全面培训

试点乡镇普查工作中后期，可由其他各乡镇普查机构组织开展各乡镇的培训工作，由各乡镇负责组长/普查指导员主讲，区环保局和第三方技术服务单位技术人员分乡镇指导，为通州区全面开展普查工作做好技术准备。

3.1.6　企业入户前准备材料清单

（1）加载统一社会信用代码的营业执照，或组织机构代码证。

（2）企业 2017 年主要产品产生量以及原辅料、能源（煤、油、燃气、电）、水的消耗台账/收据/发票。

（3）企业环境影响评价文件及批复。

（4）2017 年企业年污染治理设施运行记录及各种监测报告（废气污染物自动监测数据报表以及监测频次不低于每季度 1 次的废水污染物监测数据）。

（5）企业锅炉或者炉窑运行台账。

（6）企业一般工业固体废物产生处理台账（2017 年产生、利用、处置、贮存量）。

（7）企业危险废物产生处理台账（2017 年产生、处置、贮存量）。

（8）企业突发环境事件应急预案。

（9）厂区平面布置图。

（10）主要工艺流程图/水平衡图。

（11）2017 年度排污许可证年度执行报告（用执行报告填报排放量的必须提供）。

3.1.7 培训时间与地点

1. 整体培训

地点：通州区；

时间安排：1 天。

2. 分类专项培训

地点：通州区；

时间安排：依次排序每类污染源培训时间。

3. 试点行业企业入户实地培训

地点：翟里村；

时间安排：根据现场实际情况提前安排好入户调查日程。

3.1.8 后勤保障

1. 普查技术集中培训

具有可供 100 人培训会议室的培训地点，可供应午餐。

2. 试点行业企业入户实地培训

与企业提前联系好时间，沟通相关要求。

3.2 宣传方案

为了让居民或企业更加理解普查工作目的，保障普查入户工作顺利开展，建议加大宣传力度，为普查员配备“致被普查对象的一封信”和“入户承诺书”，提供普查宣传纪念品，通过微信和微博公众号及时发布新闻消息和推送，保障清查和普查工作的顺利推进。

第 4 章　区县污染源普查入户填报质控

为了对普查表填报质量做好把控，做到普查表填报内容完整，不漏项，不缺项，同时所填报数据满足普查制度要求以及满足普查系统的填报要求，特此针对工业源、农业源、集中式污染治理设施、生活源以及移动源普查表的填报质量分类制定质控方案。

4.1　人员组成

第二次全国污染源普查工作涉及行业广、覆盖范围大、调查数据多、技术含量高、质量要求严、工作任务重。工作过程中聘任的普查员和普查指导员，处在普查工作的前沿阵地，肩负着走进千家万户、收集原始数据的重任。普查员和普查指导员收集的数据是否准确、填写的普查表是否规范，直接关系到普查数据质量和整个普查工作的成败。

同时，区县级普查机构聘请第三方技术服务单位，以协助区县普查机构做好质控。

4.1.1　普查员和普查指导员的作用

普查员和普查指导员所收集的信息是污染源普查的基础数据，他们是污染源普查成败的关键，是普查工作的具体承担者和宣传员，是政府和普查对象之间的桥梁。

4.1.2　普查员的职责

（1）负责向普查对象宣传污染源普查的目的、意义、内容，提高其对污染源普查工作的认识；解答普查对象在普查过程中的疑问，无法解答的，及时向普查指导员报告。

（2）负责入户调查，了解普查对象基本情况，按照普查技术规范指导普查对象填写普查表，对有关数据来源以及报表信息的合理性和完整性进行现场审核，并按要求上报。

（3）配合开展普查工作检查、质量核查、档案整理等工作。

（4）积极参加业务培训。

（5）完成当地普查机构和普查指导员交办的其他工作。

4.1.3 普查指导员的职责

（1）按照当地普查机构工作部署，对其负责区域内的普查员进行指导，及时传达普查工作要求。

（2）协调负责区域内的普查工作，了解并掌握工作进度和质量，及时解决普查中遇到的实际问题，对于不能解决的问题要及时向当地普查机构报告。

（3）负责对普查员提交的报表进行审核。对存在问题的，要求普查员进一步核实并指导普查对象进行整改。

（4）负责对入户调查信息进行现场复核，复核比例不低于5%。对于复核中发现的问题，要求相关人员按照有关技术规范进行整改。

（5）完成当地普查机构交办的其他工作。

4.1.4 普查机构技术人员

普查机构聘请的第三方技术服务单位，对普查表的填报和普查表的审核全过程做好指导，并做好普查表最后的终审，发现存在的集中问题，及时召开调度会，给予纠正。

4.2 组织实施

质控主要分为三级审核。普查员现场初步审核；普查指导员二级审核；质控人员终审。具体质控流程图见图1-2。

（1）普查员现场初步审核：普查表填报期间，普查员现场初级审核，普查员应承担初级审核职责，根据企业提供的辅助普查表填报的佐证材料以及企业实际生产情况，对填报数据进行初步审核，同时需要确认企业盖章，从而保证企业人员对自己填报的数据负责，发现问题及时与普查指导员和区普查办技术人员沟通；

（2）普查指导员二级审核：指导员对于普查员递交的普查表进行二级审核，并对佐证材料进行核对，如发现问题应及时与普查员沟通并返回修改，必要时，前往现场进行现场核实；

（3）数据终审：区普查办技术人员对普查表进行终审，包括各项指标是否填报完整、满足普查表填报要求，报表数据可否通过逻辑审核，利用产排污系数或监测数据计算确定结果是否合理。

4.3 审核程序与内容

普查对象对其提供的有关资料以及填报的普查表的真实性、准确性和完整性承担主体责任。普查员对普查对象数据来源以及普查表信息的完整性和合理性承担初步审核责任；普查指导员对普查员提交的普查表及入户调查信息负审核责任。普查表填报过程中，普查对象负责人要对填报的普查表信息进行签字盖章确认；普查员要对经普查对象负责人确认的普查表进行现场审核并签字；普查指导员要对普查员提交的普查表进行审核并签字。普查表审核过程中发现问题的，要按照有关技术规范进行整改并保留记录，相关人员须再次签字确认。要做好普查对象与普查员，普查员与普查指导员，普查指导员与区普查办之间普查表的交接记录。

普查表审核过程中，普查员首先根据现场核查情况审核普查表填报信息的完整性，确保普查表无漏填现象。然后对照普查对象提供的污染源普查表填报佐证材料，逐一核对数据准确性，重点关注数据是否存在单位错误、简单的计算错误和抄录错误等。最后根据原辅材料用量、产品产量、用水量、用电量和普查对象财务报表等初步审核数据填报合理性。

完成以上数据审核工作后，进行数据上报，提交普查指导员和普查办进行下一步审核工作。

4.3.1 工业源审核程序

1. 普查员现场初审

现场核查工作，建议普查员根据企业具体生产工艺，从原辅材料开始至最终产品生成，逐个工艺环节进行现场核查，重点关注污染物产生环节和污染物治理设施情况，主要核实确定企业生产过程是否涉水、涉气以及主要风险源和固体废物生产情况。

普查员需要现场对普查表填报的内容、指标是否齐全，以及填报是否符合普查制度的规定和要求等进行审核。

普查员应根据普查对象提供的证明材料，对普查对象普查表填报的完整性、合理性和逻辑性进行审核。普查员在现场发现填报错误、逻辑错误或填报信息不全、不合理的情况，应及时予以纠正。

2. 普查指导员二级审核

普查指导员在普查员现场审核的基础上，对普查表中数据的完整性、合理性和逻辑性进行全面审核，必要时应开展现场检查与核实。

3. 普查机构审核

区普查办应对辖区内普查对象填报数据进行集中或抽样审核，对排放量占比较大的普查对象进行重点审核。各级普查机构统一录入的普查数据，应由专人或第三方技术服务单位进行全面复核。上级普查机构应该对下级普查机构的填报录入数据开展抽样复核。

审核过程中发现的问题，区普查办应指导普查对象核实确认并纠正错误。未经普查对象核实确认，区普查办不得随意更改普查对象上报的数据。

4.3.2 农业源审核程序

1. 普查员现场初级审核

普查员对普查表填报的内容、指标是否齐全，以及是否符合普查制度的规定和要求等进行现场审核。

在普查对象填报普查表过程中，普查员应根据企业提供的生产经营记录、物料（主要能源）消耗记录、原辅材料凭证、污染处理设施建设与运行记录等资料，对普查表填报的准确性、真实性进行核查。普查员现场发现填报错误、逻辑错误或填报信息不全、不合理的情况，应及时予以纠正。

普查对象对普查表中所填数据资料确认签字并盖章。

2. 普查指导员二级审核

普查指导员在普查员现场审核的基础上，对普查表中数据的完整性、合理性和逻辑性进行全面审核。

3. 普查机构审核

区普查办应组织相关部门专家对辖区内填报的普查数据进行会审，地市级普查机构参与指导审核。各级普查机构应组织相关部门专家对普查对象随机进行现场质量控制，以验证普查表填报和普查员核查的准确性。普查质量负责人根据现场填报和数据审核中发现的问题，组织拟订解决方案。

4.3.3 集中式污染治理设施审核程序

1. 普查员现场初级审核

普查员指导普查对象填报普查表，并对普查表填报的内容、指标是否齐全，以及是否符合普查制度的规定和要求等进行审核。

2. 普查指导员二级审核

普查指导员在普查员审核的基础上，对普查表中数据的完整性、合理性和逻辑性进行全面审核。

3. 普查机构审核

区普查办应对辖区内普查对象填报数据进行集中或抽样审核。由各级普查机构统一录入的普查数据，应由专人或第三方技术服务单位进行全面复核。上级普查机构应该对下级普查机构的填报录入数据开展抽样复核。审核过程中发现的问题，区普查办应指导普查对象核实确认并纠正错误。未经普查对象核实确认，区普查办不得随意更改普查对象上报的数据。

4.3.4 生活污染源审核程序

1. 普查员现场初级审核

优先利用已有统计数据和部门行政管理记录获取相关信息。区普查办按照职责分工协调同级相关部门密切配合生活源普查工作，提供相关数据和资料。普查表填报人员应确保填报信息的完整性，并妥善保存信息获取过程中的相关记录或依据，做好现场初级审核。

2. 普查指导员二级审核

普查指导员在普查员审核基础上，对填报信息的规范性和合理性进行全面性审核，确保满足技术规定和普查表填报要求。区普查办应加强普查表填报人员和审核人员的培训，对本辖区生活源普查数据质量全面负责。

3. 普查机构审核

区普查办应组织相关部门专家对辖区内填报的普查数据进行会审，地市级普查机构参与指导审核。普查机构应组织相关部门专家对普查对象随机进行现场质量控制，以验证普查表填报和普查员核查的准确性。普查质量负责人根据现场填报和数据审核中发现的问题，组织拟订解决方案。

4.3.5 移动源审核程序

对储油库、加油站、油罐车油气回收情况基层表进行三级审核，即普查对象自审、普查员初审、普查指导员审核；其他移动源普查综合表由相关部门填报并核对确认。普查数据审核时，审核人员应对数据的完整性、合理性、逻辑性进行审核。

1. 普查对象自审

移动源信息表主要由普查对象填写后提交，普查对象应根据提供的佐证材料对填报信息进行自审。

2. 普查员初级审核

普查员对收集的移动源填报信息表进行审核，确保填报信息完整。

3. 普查指导员审核

区普查办应加强普查表填报人员和审核人员的培训，建立并实施分级审核制度。普查指导员在普查员审核基础上，进一步对数据的完整性、合理性、逻辑性进行审核。

4.4 质控单、质控汇总表

为了整体把控入户调查普查表的填报质量，考虑到工业源、农业源、集中式污染治理设施普查表的指标较多，部分指标专业性较强，特此，区普查办技术人员结合实际情况，制定了工业源、农业源、集中式污染治理设施的分类别质控单，为入户调查过程中普查表的填报工作提供质量保证。各类质控单及普查表质控意见单如下所示。

4.4.1　通州区第二次全国污染源普查工业源普查质控单（1/3）

普查对象名称：　　　　　　　　　　填表日期：　　　　　　　　普查员：

序号	质控内容	完成情况 （完成画“√”）
1	入户前，提前与普查对象相关负责人联系，告知入户时间以及需要提前准备的相关材料（该材料需要复印备份或者拍照） （1）加载统一社会信用代码的营业执照，或组织机构代码证 （2）企业 2017 年主要产品产生量以及原辅料、能源（煤、油、燃气、电）、水的消耗台账/收据/发票 （3）企业环境影响评价文件及批复 （4）2017 年企业年污染治理设施运行记录及各种监测报告（废气污染物自动监测数据报表以及监测频次不低于每季度 1 次的废水污染物监测数据） （5）企业锅炉或者炉窑运行台账 （6）企业一般工业固体废物产生处理台账（2017 年产生、利用、处置、贮存量） （7）企业危险废物产生处理台账（2017 年产生、处置、贮存量） （8）企业突发环境事件应急预案 （9）厂区平面布置图 （10）主要工艺流程图/水平衡图 （11）2017 年度排污许可证年度执行报告（用执行报告填报排放量的必须提供） （12）其他（　　　　　　　　　　　　　　　　）（可另附）	（1）□ （2）□ （3）□ （4）□ （5）□ （6）□ （7）□ （8）□ （9）□ （10）□ （11）□
2	入户前，确保携带资料的完整性 （1）足够的工业源普查表 （2）《致普查对象的一封信》 （3）《第二次全国污染源普查制度》或相关指导文件 （4）《国民经济行业分类》（GB/T4754（5）—2017）代码手册 （5）质控单 （6）其他（　　　　　　　　　　　　　　　　）（可另附）	（1）□ （2）□ （3）□ （4）□ （5）□
3	入户后，现场取证，过程留痕 （1）企业平面图 （2）工艺流程图 （3）人＋大门照片 （4）营业执照 （5）车间照片（包括车间外和车间内） （6）污染治理设施照片	拍照/复印备份 （1）□/□ （2）□/□ （3）□/□ （4）□/□ （5）□/□ （6）□/□

续表

序号	质控内容	完成情况 （完成画“√”）
3	（7）排污口照片（废水/废气） （8）锅炉照片（包括锅炉房外部、锅炉和锅炉铭牌） （9）在线监测设施照片（包括在线监测站房及在线设施） （10）其他（　　　　　　　　　　　　）（可另附）	（7）□/□ （8）□/□ （9）□/□
4	普查表填写，要求信息填写完整、准确、规范 （1）完整度：按照普查表的填报要求，确保应填尽填，把编号、名称、污染物、排放量、单位、备注等，逐一仔细核实，确保没有任何遗漏、错误、偏差和混淆 （2）准确度：严格按照填报要求以及指标解释中的要求，确保每项指标填报准确，应仔细校核单位、符号、污染物名称、代码、行业等，用词规范准确 （3）规范化：入户填报过程中参考的依据及材料，注意复印备份或者拍照留存，要求明确日期、面谈人员、程序、是否交代清楚必要的内容、要求，对方的答复、提供的材料是否准确，是否确定或表示需要核实	（1）□ （2）□ （3）□
5	入户调查时，普查员与普查指导员形象要求 （1）规范佩戴“两员”证件 （2）着装是否统一规范（统一下发的普查专用服装） （3）与普查对象沟通是否礼貌、得体、规范 （4）现场遇到问题是否随时记录 （5）严禁出现普查员着奇装异服、穿拖鞋、染发等行为 （6）其他（　　　　　　　　　　　　）（可另附）	（1）□ （2）□ （3）□ （4）□ （5）□
6	企业基本情况备注（企业一些特殊情况说明）	□

4.4.2 通州区第二次全国污染源普查集中式源普查质控单（2/3）

普查对象名称：　　　　　　　　　　填表日期：　　　　　　　普查员：

序号	质控内容	完成情况 （完成画“√”）
1	入户前，提前与普查对象相关负责人联系，告知入户时间以及需要提前准备的相关材料（该材料需要复印备份或者拍照） （1）加载统一社会信用代码的营业执照，或组织机构代码证 （2）2017年主要产品产生量以及原辅料、能源（煤、油、燃气）水的消耗台账记录/票据 （3）环境影响评价文件及批复	（1）□ （2）□ （3）□

续表

序号	质控内容	完成情况 （完成画“√”）
1	（4）2017 年污染治理设施运行记录，及其各种监测报告（废气污染物自动监测数据报表以及监测频次不低于每季度 1 次的废水污染物监测数据） （5）锅炉或者炉窑运行台账记录 （6）企业一般工业固体废物产生处理台账（2017 年产生、利用、处置、贮存量） （7）企业危险废物产生处理台账（2017 年产生、处置、贮存量） （8）企业突发环境事件应急预案 （9）厂区平面布置图 （10）工艺流程图 （11）其他（　　　　　　　　　　　　　　　）（可另附）	（4）□ （5）□ （6）□ （7）□ （8）□ （9）□ （10）□
2	入户前，确保携带资料的完整性 （1）足够的工业源普查表 （2）《致普查对象的一封信》 （3）《第二次全国污染源普查制度》或相关指导文件 （4）《国民经济行业分类》（GB/T4754（5）—2017）代码手册 （5）质控单 （6）其他（　　　　　　　　　　　　　　　）（可另附）	（1）□ （2）□ （3）□ （4）□ （5）□
3	入户后，现场取证，过程留痕 （1）企业平面图 （2）工艺流程图 （3）人＋大门照片 （4）营业执照 （5）车间照片（包括车间外和车间内） （6）污染治理设施照片 （7）排污口照片（废水/废气） （8）锅炉照片（包括锅炉房外部、锅炉和锅炉铭牌） （9）在线监测设施照片（包括在线监测房及在线设施） （10）其他（　　　　　　　　　　　　　　　）（可另附）	拍照/复印备份 （1）□/□ （2）□/□ （3）□/□ （4）□/□ （5）□/□ （6）□/□ （7）□/□ （8）□/□ （9）□/□
4	普查表填写，要求信息填写完整、准确、规范 （1）完整度：按照普查表的填报要求，确保应填、尽填，把编号、名称、污染物、排放量、单位、备注等，逐一仔细核实，确保没有任何遗漏、错误、偏差和混淆 （2）准确度：严格按照填报要求以及指标解释中的要求，确保每项指标填报准确，应仔细校核单位、符号、污染物名称、代码、行业等，用词规范准确 （3）规范化：入户填报过程中参考的依据及材料，注意复印备份或者拍照留存，要求明确日期、面谈人员、程序、是否交代清楚必要的内容、要求，对方的答复、提供的材料是否准确，是否确定或表示需要核实	（1）□ （2）□ （3）□

续表

序号	质控内容	完成情况 （完成画“√”）
5	入户调查时，普查员与普查指导员形象要求 （1）规范佩戴“两员”证件 （2）着装是否统一规范（统一下发的普查专用服装） （3）与普查对象沟通是否礼貌、得体、规范 （4）现场遇到问题是否随时记录 （5）严禁出现普查员着奇装异服、穿拖鞋、染发等行为 （6）其他（ ）（可另附）	（1）□ （2）□ （3）□ （4）□ （5）□
6	企业基本情况备注（企业一些特殊情况说明）	□

4.4.3 通州区第二次全国污染源普查农业源普查质控单（3/3）

普查对象名称： 填表日期： 普查员：

序号	质控内容	完成情况 （完成画“√”）
1	入户前，提前与普查对象相关负责人联系，告知入户时间以及需要提前准备的相关材料（该材料需要复印备份或者拍照） （1）加载统一社会信用代码的营业执照，或组织机构代码证 （2）2017 年养殖场所有养殖种类的养殖量，饲养情况（不同饲养阶段的饲养周期、存栏量、饲料消耗量）等统计资料 （3）养殖场设施平面布置图（包括各个设施设计功能） （4）养殖场养殖种类的污水（尿液）、粪便产生及处理的相关记录（2017 年产生、利用量） （5）养殖场粪污利用配套农田和林地种植种类、面积等记录/台账 （6）其他（ ）（可另附）	（1）□ （2）□ （3）□ （4）□ （5）□ （6）□
2	入户前，确保携带资料的完整性 （1）足够的规模化畜禽养殖普查表 （2）《致普查对象的一封信》 （3）《第二次全国污染源普查制度》或相关指导文件 （4）质控单 （5）其他（ ）（可另附）	（1）□ （2）□ （3）□ （4）□ （5）□
3	入户后，现场取证，过程留痕 （1）人+大门照片 （2）营业执照 （3）养殖圈舍照片（包括圈舍外和圈舍内） （4）原水存储设施	拍照/复印备份 （1）□/□ （2）□/□ （3）□/□ （4）□/□

续表

序号	质控内容	完成情况（完成画“√”）
3	（5）尿液废水处理设施 （6）粪便存储设施 （7）粪便处理设施 （8）锅炉照片（包括锅炉房外部、锅炉和锅炉铭牌） （9）养殖场粪污利用配套农田和林地照片 （10）其他（　　　　　　　　）（可另附）	（5）□/□ （6）□/□ （7）□/□ （8）□/□ （9）□/□
4	普查表填写，要求信息填写完整、准确、规范 （1）完整度：按照普查表的填报要求，确保应填、尽填，把编号、名称、污染物、排放量、单位、备注等，逐一仔细核实，确保没有任何遗漏、错误、偏差和混淆 （2）准确度：严格按照填报要求以及指标解释中的要求，确保每项指标填报准确，应仔细校核单位、符号、污染物名称、代码、行业等，用词规范准确 （3）规范化：入户填报过程中参考的依据及材料，注意复印备份或者拍照留存，要求明确日期、面谈人员、程序、是否交代清楚必要的内容、要求，对方的答复、提供的材料是否准确，是否确定或表示需要核实	（1）□ （2）□ （3）□
5	入户调查时，普查员与普查指导员形象要求 （1）规范佩戴“两员”证件 （2）着装是否统一规范（统一下发的普查专用服装） （3）与普查对象沟通是否礼貌、得体、规范 （4）现场遇到问题是否随时记录 （5）严禁出现普查员着奇装异服、穿拖鞋、染发等行为 （6）其他（　　　　　　　　）（可另附）	（1）□ （2）□ （3）□ （4）□ （5）□
6	养殖场基本情况备注（养殖场一些特殊情况说明）	□

4.4.4　通州区第二次全国污染源普查表质控意见单

污染源类别：			企业名称/行政村：		
普查员姓名：			普查员单位：		
错填数：			漏填数：		
普查表号	指标代码	备注	普查表号	指标代码	备注

续表

普查表号	指标代码	备注	普查表号	指标代码	备注

质控意见：

质控人员： 质控时间：2018 年 月 日

第 5 章　普查表填报指南

5.1　工业污染源普查填报及质控审核细则

第二次全国污染源普查工作普查表
工业源普查表

填
报
手
册

普查表目录

分类	表号	表名	填报单位/统计范围
	普查基层表式		
基本情况表3张	G101-1 表	工业企业基本情况	辖区内有污染物产生的工业企业及产业活动单位填报
	G101-2 表	工业企业主要产品、生产工艺基本情况	同上
	G101-3 表	工业企业主要原辅材料使用、能源消耗基本情况	同上
废水表1张	G102 表	工业企业废水治理与排放情况	辖区内有废水及废水污染物产生或排放的工业企业
废气表13张	G103-1 表	工业企业锅炉/燃气轮机废气治理与排放情况	辖区内有工业锅炉的工业企业，以及所有在役火电厂、热电联产企业及工业企业的自备电厂、垃圾和生物质焚烧发电厂
	G103-2 表	工业企业炉窑废气治理与排放情况	辖区内有工业炉窑的工业企业
	G103-3 表	钢铁与炼焦企业炼焦废气治理与排放情况	辖区内有炼焦工序的钢铁冶炼企业和炼焦企业
	G103-4 表	钢铁企业烧结/球团废气治理与排放情况	辖区内有烧结/球团工序的钢铁冶炼企业
	G103-5 表	钢铁企业炼铁生产废气治理与排放情况	辖区内有炼铁工序的钢铁冶炼企业
	G103-6 表	钢铁企业炼钢生产废气治理与排放情况	辖区内有炼钢工序的钢铁冶炼企业
	G103-7 表	水泥企业熟料生产废气治理与排放情况	辖区内有熟料生产工序的水泥企业
	G103-8 表	石化企业工艺加热炉废气治理与排放情况	辖区内石化企业
	G103-9 表	石化企业生产工艺废气治理与排放情况	同上
	G103-10 表	工业企业有机液体储罐、装载信息	辖区内有有机液体储罐的工业企业
	G103-11 表	工业企业含挥发性有机物原辅材料使用信息	辖区内使用含挥发性有机物原辅材料的工业企业
	G103-12 表	工业企业固体物料堆存信息	辖区内有固体物料堆存的工业企业
	G103-13 表	工业企业其他废气治理与排放情况	辖区内有废气污染物产生与排放的工业企业
固体废物表2张	G104-1 表	工业企业一般工业固体废物产生与处理利用信息	辖区内有一般工业固体废物产生的工业企业
	G104-2 表	工业企业危险废物产生与处理利用信息	辖区内有危险废物产生的工业企业
风险信息表1张	G105 表	工业企业突发环境事件风险信息	辖区内生产或使用环境风险物质的工业企业
核算信息表3张	G106-1 表	工业企业污染物产排污系数核算信息	辖区内使用产排污系数核算废水及废气污染物产生量或排放量的工业企业
	G106-2 表	工业企业废水监测数据	辖区内利用监测数据法核算废水污染物产生排放量的工业企业
	G106-3 表	工业企业废气监测数据	辖区内利用监测数据法核算废气污染物产生排放量的工业企业
伴生放射性矿表1张	G107 表	伴生放射性矿产企业含放射性固体物料及废物情况	辖区内达到筛选标准的伴生放射性矿产采选、冶炼、加工企业
园区表1张	G108 表	园区环境管理信息	省级及以上级别工业园区填报

特定行业表（G103-3 表至 G103-9 表）

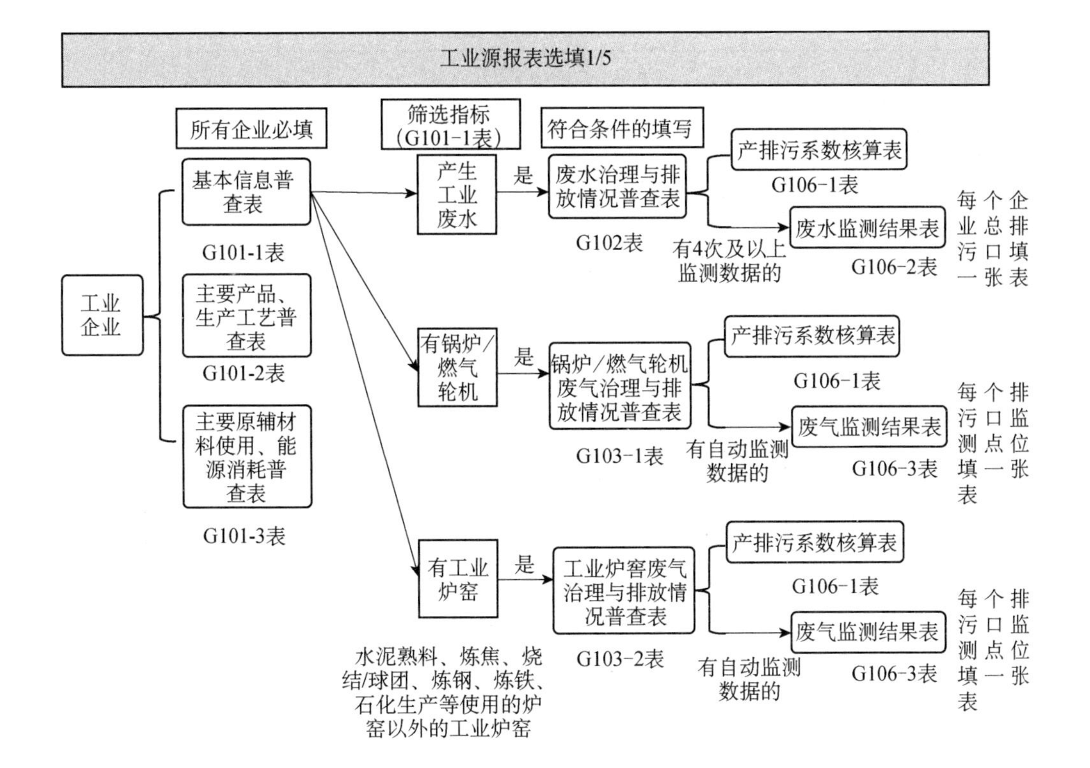

工业源报表选填1/5
所有企业必填
筛选指标（G101-1表）
符合条件的填写
工业企业
基本信息普查表
G101-1表
主要产品、生产工艺普查表
G101-2表
主要原辅材料使用、能源消耗普查表
G101-3表
产生工业废水
是
废水治理与排放情况普查表
G102表
产排污系数核算表
G106-1表
废水监测结果表
G106-2表
有4次及以上监测数据的
每个企业总排污口填一张表
有锅炉/燃气轮机
是
锅炉/燃气轮机废气治理与排放情况普查表
G103-1表
产排污系数核算表
G106-1表
废气监测结果表
G106-3表
有自动监测数据的
每个排污口监测点位填一张表
有工业炉窑
是
工业炉窑废气治理与排放情况普查表
G103-2表
产排污系数核算表
G106-1表
废气监测结果表
G106-3表
有自动监测数据的
每个排污口监测点位填一张表
水泥熟料、炼焦、烧结/球团、炼钢、炼铁、石化生产等使用的炉窑以外的工业炉窑

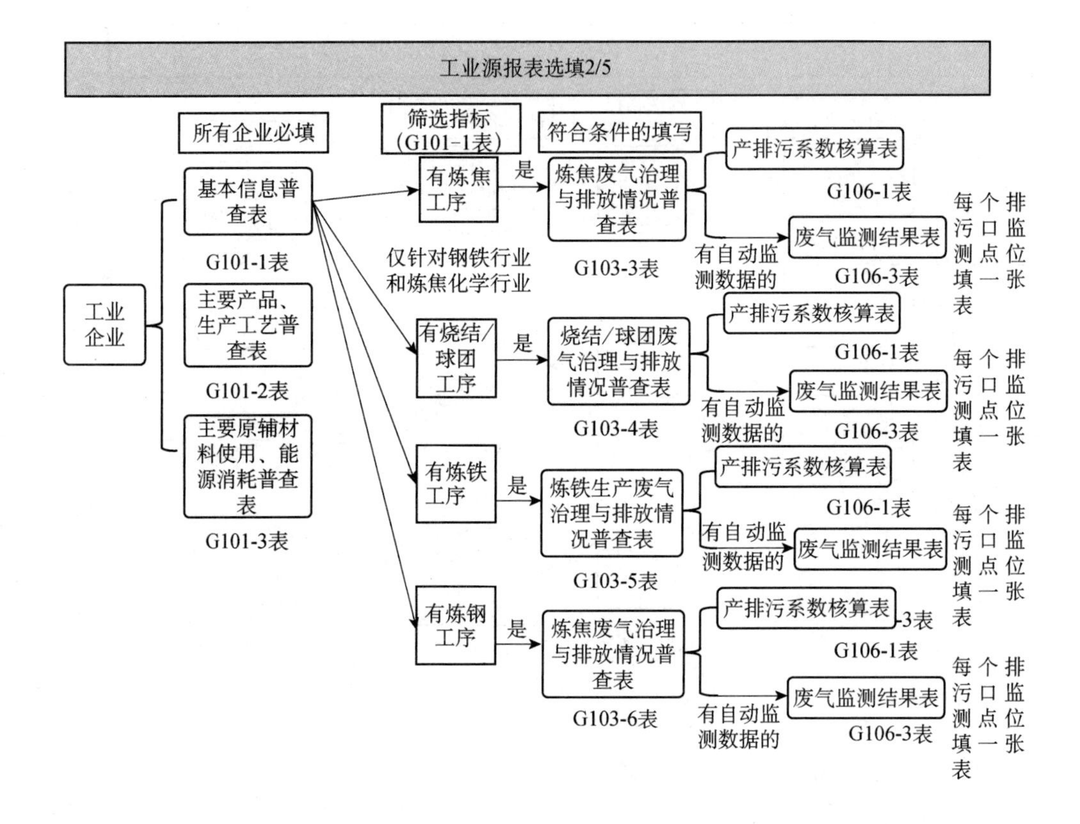
工业源报表选填2/5
所有企业必填
筛选指标（G101-1表）
符合条件的填写
工业企业
基本信息普查表
G101-1表
主要产品、生产工艺普查表
G101-2表
主要原辅材料使用、能源消耗普查表
G101-3表
仅针对钢铁行业和炼焦化学行业
有炼焦工序
是
炼焦废气治理与排放情况普查表
G103-3表
产排污系数核算表
G106-1表
有自动监测数据的
废气监测结果表
G106-3表
每个排污口监测点位填一张表
有烧结/球团工序
是
烧结/球团废气治理与排放情况普查表
G103-4表
产排污系数核算表
G106-1表
有自动监测数据的
废气监测结果表
G106-3表
每个排污口监测点位填一张表
有炼铁工序
是
炼铁生产废气治理与排放情况普查表
G103-5表
产排污系数核算表
G106-1表
有自动监测数据的
废气监测结果表
每个排污口监测点位填一张表
有炼钢工序
是
炼焦废气治理与排放情况普查表
G103-6表
产排污系数核算表
-3表
G106-1表
有自动监测数据的
废气监测结果表
G106-3表
每个排污口监测点位填一张表

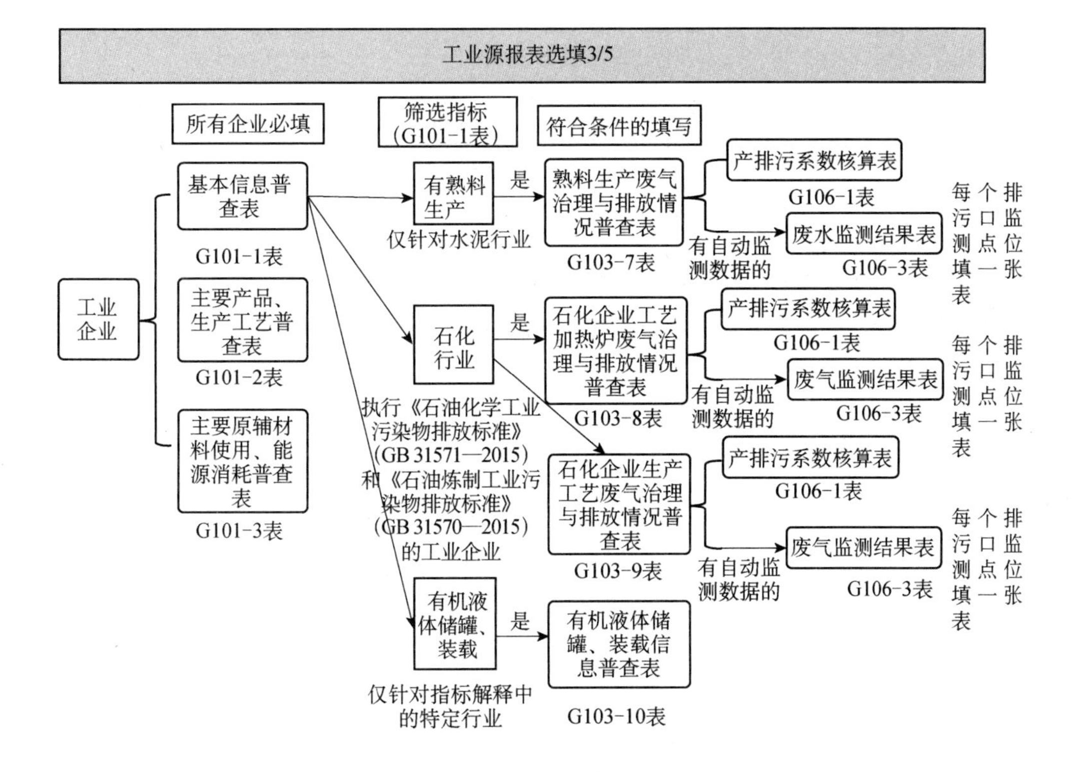

工业源报表选填3/5
所有企业必填
筛选指标（G101-1表）
符合条件的填写
工业企业
基本信息普查表
G101-1表
主要产品、生产工艺普查表
G101-2表
主要原辅材料使用、能源消耗普查表
G101-3表
有熟料生产
仅针对水泥行业
是
熟料生产废气治理与排放情况普查表
G103-7表
产排污系数核算表
G106-1表
有自动监测数据的
废水监测结果表
G106-3表
每个排污口监测点位填一张表
石化行业
是
石化企业工艺加热炉废气治理与排放情况普查表
G103-8表
产排污系数核算表
G106-1表
有自动监测数据的
废气监测结果表
G106-3表
每个排污口监测点位填一张表
执行《石油化学工业污染物排放标准》(GB 31571—2015)和《石油炼制工业污染物排放标准》(GB 31570—2015)的工业企业
石化企业生产工艺废气治理与排放情况普查表
G103-9表
产排污系数核算表
G106-1表
有自动监测数据的
废气监测结果表
G106-3表
每个排污口监测点位填一张表
有机液体储罐、装载
仅针对指标解释中的特定行业
是
有机液体储罐、装载信息普查表
G103-10表

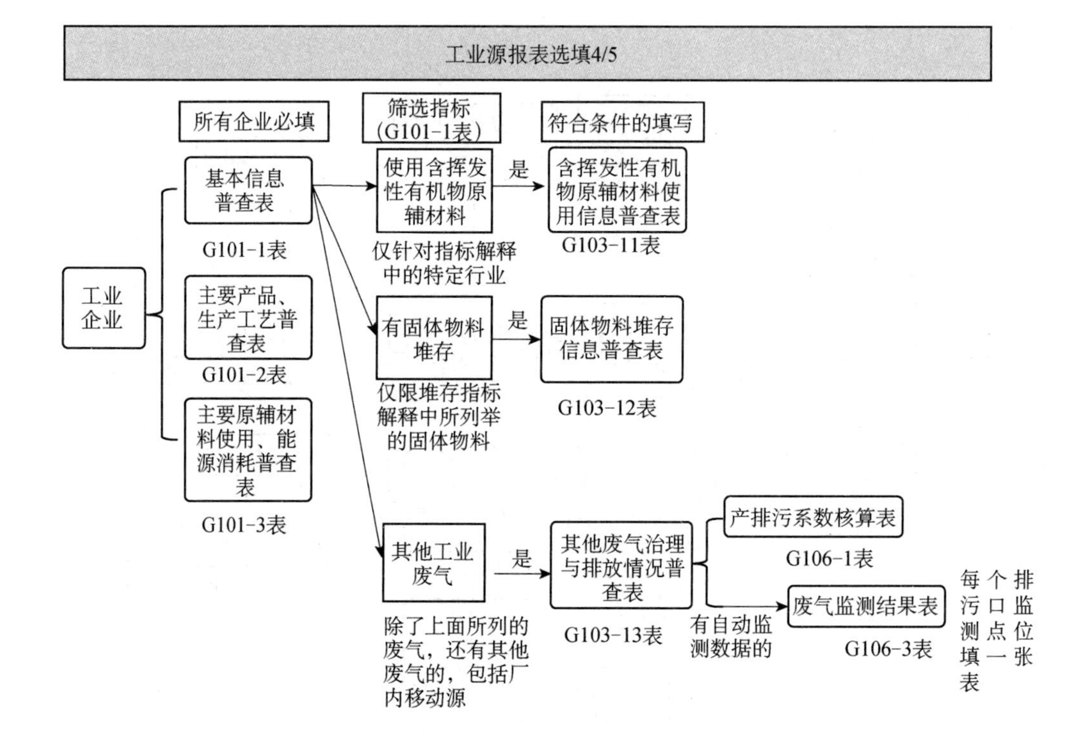
工业源报表选填4/5
所有企业必填
筛选指标（G101-1表）
符合条件的填写
工业企业
基本信息普查表
G101-1表
主要产品、生产工艺普查表
G101-2表
主要原辅材料使用、能源消耗普查表
G101-3表
使用含挥发性有机物原辅材料
仅针对指标解释中的特定行业
是
含挥发性有机物原辅材料使用信息普查表
G103-11表
有固体物料堆存
仅限堆存指标解释中所列举的固体物料
是
固体物料堆存信息普查表
G103-12表
其他工业废气
除了上面所列的废气，还有其他废气的，包括厂内移动源
是
其他废气治理与排放情况普查表
G103-13表
产排污系数核算表
G106-1表
有自动监测数据的
废气监测结果表
G106-3表
每个排污口监测点位填一张表

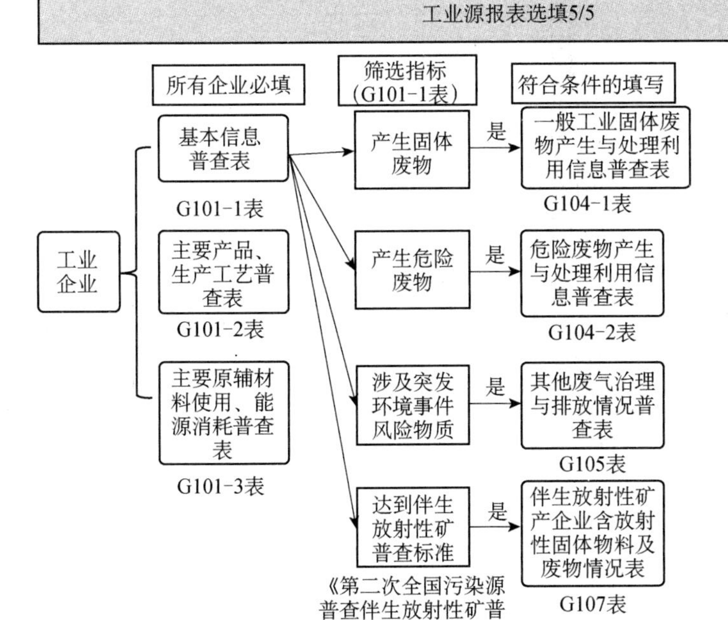
工业源报表选填5/5
所有企业必填
筛选指标（G101-1表）
符合条件的填写
工业企业
基本信息普查表
G101-1表
主要产品、生产工艺普查表
G101-2表
主要原辅材料使用、能源消耗普查表
G101-3表
产生固体废物
是
一般工业固体废物产生与处理利用信息普查表
G104-1表
产生危险废物
是
危险废物产生与处理利用信息普查表
G104-2表
涉及突发环境事件风险物质
是
其他废气治理与排放情况普查表
G105表
达到伴生放射性矿普查标准
是
伴生放射性矿产企业含放射性固体物料及废物情况表
G107表
《第二次全国污染源普查伴生放射性矿普查监测技术规定》

普查表式

工业企业基本情况

表　　号：　G101－1表
制定机关：　国务院第二次全国污染源普查领导小组办公室
批准机关：　国家统计局
批准文号：
2017年　有效期至：

01. 统一社会信用代码	□□□□□□□□□□□□□□□□□□ (□□ … 尚未领取统一社会信用代码的填写原组织机构代码号：□□□□□□□□□ (□□)
02. 单位详细名称及曾用名	单位详细名称： 曾用名：
03. 行业类别	行业名称1：　行业代码1：□□ 行业名称2：　行业代码2：□□ 行业名称3：　行业代码3：□□
04. 单位所在地及区划	______省(自治区、直辖市) ______地(区、市、州、盟) ______县(区、市、旗) ______乡(镇) ______街(村)、门牌号 区划代码　□□□□□□□□□□□□
05. 企业地理坐标	经度：___度___分___秒　纬度：___度___分___秒
06. 企业规模	□　1 大型　2 中型　3 小型　4 微型
07. 法定代表人（单位负责人）	
08. 开业（成立）时间	□□□□年□□月
09. 联系方式	联系人：　电话号码：
10. 登记注册类型	□□□ 内资：110 国有　120 集体　130 股份合作　141 国有联营　142 集体联营　143 国有与集体联营　149 其他联营　151 国有独资公司　159 其他有限责任公司　160 股份有限公司　171 私营独资　172 私营合伙　173 私营有限责任公司　174 私营股份有限公司　190 其他 港澳台商投资：210 与港澳台商合资经营　220 与港澳台商合作经营　230 港、澳、台商独资　240 港、澳、台商投资股份有限公司　… 外商投资：310 中外合资经营　320 中外合作经营　330 外资企业　340 外商投资股份有限公司　…
11. 受纳水体	受纳水体名称：　受纳…
12. 是否发放新版排污许可证	□　1 是　2 否　许可…
13. 企业运行状态	□　1 运行　2 全年停产
14. 正常生产时间	______小时
15. 工业总产值（当年价格）	______千元
16. 产生工业废水	□　1 是　2 否　注：选"1"的，须填报G102表
17. 有锅炉/燃气轮机	□　1 是　2 否　注：选"1"的，须填报G103-1表
18. 有工业炉窑	□　…填报G103-2表
19. 有炼焦工序（特定行业，一般企业不涉及）	□　…填报G103-3表
20. 有烧结/球团工序（特定行业，一般企业不涉及）	□　…填报G103-4表
21. 有炼铁工序（特定行业，一般企业不涉及）	□　1 是　2 否　注：选"1"的，须填报G103-5表

注释：

- 01：查阅企业营业执照和企业清查表单，如实填报
- 02：查阅企业营业执照和企业清查表单，如实填报
- 03：按正常生产情况下生产的主要产品的性质确认归属的具体工业行业类别，若有两种以上（含两种）主要产品的、按所属行业小类分别填写行业名称和行业小类代码
- 04：填写实际地址，精确到门牌号
- 06：指按企业从业人员数、营业收入两项指标为划分依据划分的企业规模
- 08：查询营业执照的时间
- 09：联系人和有效联系方式（手机号），现场确认手机号是否正常
- 10：以工商行政管理部门对企业登记注册的类型为依据
- 11：指普查对象废水最终排入的水体。根据第二次全国污染源普查工作领导小组办公室确定的水系代码表填报受纳水体名称和代码
- 12：指按照《国务院关于印发控制污染物排放许可制实施方案的通知》（国办发〔2016〕81号）规定申领核发的排污许可证，编号为全国排污许可证管理信息平台中生成的许可证编号
- 13：工业企业在调查年度的实际运行状态分为两种：全年或部分时间投产运行的为"运行"，全年无投产运行的为"全年停产"
- 14：指工业企业在调查年度内的实际正常生产时间
- 15：指工业企业在调查年度生产的以货币形式表现的工业产品和提供工业劳务活动的总价值量
- 16：指调查年度内，工业企业生产中产生的生产废水
- 17：指用于企业生产、采暖及其他生产或生活活动的锅炉、发电的锅炉、燃气轮机
- 18：指在工业生产中用燃料燃烧或电能转换产生热量，将物料或工件进行冶炼、焙烧、熔化、加热等工序的热工设备，此处不包括G103-3表至G103-9表中炼焦、烧结/球团、炼钢、炼铁、水泥熟料、石化生产等使用的炉窑

续表

22. 有炼钢工序	□　1 是　2 否	注：选"1"的，须填报 G103-6 表
23. 有熟料生产	□　1 是　2 否	注：选"1"的，须填报 G103-7 表
24. 是否为石化企业	□　1 是　2 否	注：选"1"的，须填报 G103-8、G103-9 表
25. 有有机液体储罐/装载	□　1 是　2 否	注：指标解释中所列行业工业企业必填；选"1"的，须填报 G103-10 表
26. 含挥发性有机物原辅材料使用	□　1 是　2 否	注：指标解释中所列行业工业企业必填；选"1"的，须填报 G103-11 表
27. 有工业固体物料堆存	□　1 是　2 否	注：仅限堆存指标解释中所列固体物料工业企业选择；选"1"的，须填报 G103-12 表
28. 有其他生产废气	□　1 是　2 否	注：所有企业，有上述指标 18-28 项涉及的设备及工艺以外的环节有生产工艺废气产生的，选"1"的，须填报 G103-13 表
29. 一般工业固体废物	□　1 是　2 否	注：有一般工业固体废物产生的，选"1"的，须填报 G104-1 表
30. 危险废物	□　1 是　2 否	注：有危险体废物产生的，选"1"的，须填报 G104-2 表
31. 涉及稀土等 15 类矿产	□　1 是　2 否	注：选"1"的，须填报 G107 表
32. 备注		

单位负责人：　　统计负责人（审核人）：　　填表人：　　报出日期：20　年　月　日

说明：本表由辖区内有污染物产生的工业企业及产业活动单位填报。

（注释框）

22–24：特定行业，一般企业不涉及

25：属于表G103-10指标解释中所列行业，拥有容积20m³以上储罐

26：属于表G103-11指标解释中所列行业，在生产过程中使用含挥发性有机物原辅材料

27：指专门用于堆存表G103-12指标解释中所列明固体物料的敞开式、密闭式、半敞开式的固定堆放场所

28：指生产过程中除炉窑、锅炉、含挥发性有机物原辅材料使用挥发、有机液体储罐、有机液体装载、有机废气泄漏等生产废气外，有其他生产工序中产生的废气，包含有组织废气和无组织废气

29：指除危险废物以外的，在生产活动中产生的丧失原有利用价值或者虽未丧失利用价值但被抛弃或者放弃的固态、半固态和置于容器中的气态的物品、物质以及法律、行政法规规定纳入固体废物管理的物品、物质

30：指按《国家危险废物名录》（2016版）确认列入国家危险废物名录或者根据国家规定的危险废物鉴别标准和鉴别方法认定的，具有爆炸性、易燃性、反应性、毒性、腐蚀性、易传染性疾病等危险特性之一的废物（医疗废物属于危险废物）

31：指涉及稀土等15类矿产采选、冶炼、加工企业。15类矿产名录详见G107表指标解释

质控要求—《工业企业基本情况》(G101-1 表)

代码	审核规则	数据格式
01	必填。判断阿拉伯数字或英文字母；判断首字母为 G 则为普查对象识别码，第 3 至 14 位与 12 位统计用区划代码相同，第 18 位为校正码，校正规则	统一社会信用代码、普查对象识别码：18+2 位数；组织机构代码：9+2 位数
02	必填	
03	必填。代码在 0610 至 4690，不含 4620；可含 0514	4 位数字
04	必填。与国家统计局区划代码保持一致	区划代码为 12 位数字
05	必填。先经度后纬度（度分秒格式）；度分秒均为 0 判错	
06	必填	
07	必填	
08	必填。年份为 4 位数，月份为 1—12	年份为 4 位数；月份在 1—12
09	必填	电话号码为 11—12 位数
10	必填	
11	受纳水体代码：2 位大写字母+8 位数字	
12	必填。选 1 的，则许可证编号为 22 位编码；选 2 的，则许可证编号为空	许可证编号为 22 位编码（前 18 位与统一社会信用代码相同）
13	必填	
14	必填。不大于 8 760	保留整数
15	必填	允许保留 1 位小数
16	必填。选 1 的，在 G106-1 表对应的普查表号中填写 G102	
17	必填。选 1 的，在 G106-1 表对应的普查表号中填写 G103-1	
18	必填。选 1 的，在 G106-1 表对应的普查表号中填写 G103-2	
19	必填。选 1 的，在 G106-1 表对应的普查表号中填写 G103-3	
20	必填。选 1 的，在 G106-1 表对应的普查表号中填写 G103-4	
21	必填。选 1 的，在 G106-1 表对应的普查表号中填写 G103-5	
22	必填。选 1 的，在 G106-1 表对应的普查表号中填写 G103-6	
23	必填。选 1 的，在 G106-1 表对应的普查表号中填写 G103-7	
24	必填。选 1 的，在 G106-1 表对应的普查表号中填写 G103-8、G103-9	
25	必填。G101-1 指标 03 中选择 2511、2519、2521、2522、2619、2621、2631、2652、2523、2614、2653、2710 的，必选，重点审核是否应选择 1	
26	必填。G101-1 指标 03 中选择 1713、1723、1733、1743、1752、1762、1951、1952、1953、1954、1959、2021、2011、2023、2029、2110、22、23、2631、2632、2710、2720、2730、2740、2750、2761、3130、3311、3331、3511、3512、3513、3514、3515、3516、3517、3611、3612、3630、3640、3650、3660、3670、3731、3732、3733、3734、3735 及开头两位为 38、39、40 的，必选，重点审核是否应选择 1	
27	必填	

续表

代码	审核规则	数据格式
28	必填。在 G106-1 表对应的普查表号中填写 G103-13	
29	必填	
30	必填	
31	对比辐射站提供的名单	
32	非必填	

5.1.2 工业企业主要产品、生产工艺基本情况

工业企业主要产品、生产工艺基本情况

表　　号：G101－2表
制定机关：国务院第二次全国污染源普查领导小组办公室
批准机关：国家统计局
批准文号：
有效期至：

统一社会信用代码：□□□□□□□□□□□□□□□□□□□□（□□）
组织机构代码：□□□□□□□□□□□（□□）
单位详细名称(盖章)：　　　　2017年

产品名称	产品代码	生产工艺名称	生产工艺代码	计量单位	生产能力	实际产量
1	2	3	4	5	6	7
按照生态环境部第二次全国污染源普查工作办公室提供的清单，填写与污染物产生、排放密切相关的主要中间产品或最终产品	按照国务院第二次全国污染源普查领导小组办公室提供的清单选取填报。产品仅填报与污染物产生、排放密切相关的主要中间产品或最终产品	按照国务院第二次全国污染源普查领导小组办公室提供的清单选取填报。产品仅填报与污染物产生、排放密切相关的主要中间产品或最终产品		按照国务院第二次全国污染源普查领导小组办公室提供的清单选取填报	指普查对象生产该（种）产品的全部设备(包括主要生产设备、辅助生产设备、起重运输设备、动力设备及有关的厂房和生产用建筑物等）在原材料、燃料动力供应充分，劳动力配备合理，设备正常运转的条件下，可能达到的年生产量	指调查年度内，普查对象该产品的实际生产量。允许保留两位小数。实际产量计量单位按照生态环境部第二次全国污染源普查工作办公室提供的清单中对应计量单位填报

几点注意：
1. 凡涉及清单中的产品，中间产品和最终产品均需填报（如：水泥企业，即便是最终都生产为水泥，本厂生产的熟料信息也需要填报）；
2. 同一种产品有多种生产工艺的，分行填报；
3. 一页不够的，自行复印填报

单位负责人：　　统计负责人（审核人）：　　填表人：　　报出日期：20　年　月　日

说明：1. 本表由辖区内有污染物产生的工业企业及产业活动单位填报；
2. 尚未领取统一社会信用代码的填写原组织机构代码号；
3. 对照行业及本企业生产情况，按附录填报与污染物产生、排放密切相关的产品与工艺；
4. 同种产品有多种生产工艺的，分行填报；
5. 如需填报的内容超过1页，可自行复印表格填报。

质控要求—《工业企业主要产品、生产工艺基本情况》（G101-2 表）

代码	审核规则	数据格式
01	必填。名称须与“二污普”填报助手中主要产品、原料、生产工艺相应的产品名称相同。选择其他，要明确具体内容	
02	必填。“二污普”填报助手中主要产品、原料、生产工艺中有的应保持一致	
03	必填。名称须与“二污普”填报助手中主要产品、原料、生产工艺相应的生产工艺名称相同。选择其他，要明确具体内容	
04	必填。“二污普”填报助手中主要产品、原料、生产工艺中有的应保持一致	
05	必填。计量单位须与“二污普”填报助手中主要产品、原料、生产工艺相应产品单位对应	
06	必填	保留整数
07	必填	允许保留 2 位小数

5.1.3 工业企业主要原辅材料使用、能源消耗基本情况

工业企业主要原辅材料使用、能源消耗基本情况

表　　号：　　　　G101－3表
制定机关：　　国务院第二次全国污染源普查领导小组办公室
统一社会信用代码：□□□□□□□□□□□□□□□□□□（□□）　　批准机关：　　国家统计局
组织机构代码：□□□□□□□□□（□□）　　批准文号：
单位详细名称(盖章)：　　2017年　　有效期至：

原辅材料/能源名称	原辅材料/能源代码	计量单位	使用量	用作原辅材料量
1	2	3	4	5
一、主要原辅材料使用	—	—	—	—
				—
				—
				—
原辅材料名称、代码、计量单位按照生态环境部第二次全国污染源普查工作办公室提供的清单填报	查询原辅材料清单和台账，按照国务院第二次全国污染源普查领导小组办公室提供的清单选取填报，本厂中间产品作为本厂其他生产环节原辅材料的，不需要填报	按照国务院第二次全国污染源普查领导小组办公室提供的清单选取填报	企业能源消耗台账，报表或者发票；指调查年度内，普查对象该种原辅材料的实际使用量。最多保留两位小数	—
注意：按原辅材料、能源种类分别填报。不需要一一对应				—
二、主要能源消耗	—	—	—	指调查年度内，普查对象将能源用作生产原辅材料使用而消耗的实际量。如石油化工厂、化工厂、化肥厂生产乙烯、化纤单体、合成氨、合成橡胶等产品所消费的石油、天然气、原煤、焦炭等，这些能源作为原料投入生产过程，通过一系列化学反应，逐步生成新的物质，构成新产品的实体。又如一些能源不构成产品实体，而是作为材料使用。例如，洗涤用的汽油、柴油、煤油。同时作为能源、原辅材料的能源，如原料煤，只填写能源消耗情况，不重复填写原辅材料情况
能源名称、代码、计量单位按照指标解释填报	普查对象生产活动消耗的能源名称、代码			

单位负责人：　　统计负责人（审核人）：　　填表人：　　报出日期：20　年　月　日

说明：1. 本表由辖区内有污染物产生的工业企业及产业活动单位填报；
2. 尚未领取统一社会信用代码的填写原组织机构代码号；
3. 本厂中间产品作为本厂其他生产环节原辅材料的，不需要填报；
4. 同时作为能源、原辅材料的，如原料煤，只填写主要能源消耗指标，不必填写主要原辅材料使用指标；
5. 如需填报的内容超过1页，可自行复印表格填报。

质控要求—《工业企业主要原辅材料使用、能源消耗基本情况》(G101-3 表)

代码	审核规则	数据格式
01	一、原辅料材料使用情况：必填。名称须与“二污普”填报助手中主要产品、原料、生产工艺相应的产品名称相同。选择其他，要明确具体内容； 作为原料消耗的能源非必填。若填报了也不判定为错，但还需要同时在主要能源消耗部分填报，且使用量应保持一致。 二、主要能源消耗情况，非必填。若填报，则名称应与指标解释中的《燃料类型及代码表》中的名称保持一致	
02	原辅材料使用情况：必填。须与“二污普”填报助手中主要产品、原料、生产工艺中有的应保持一致。 主要能源消耗情况，若填报了能源名称的，则代码必填，且与指标解释中的代码保持一致	
03	原辅材料使用情况：必填。原辅材料的计量单位须与“二污普”填报助手中主要产品、原料、生产工艺相应原辅材料对应。 主要能源消耗情况：能源名称填报的，计量单位必填，且与指标解释中的单位保持一致	
04	原辅材料使用情况，必填。 主要能源消耗情况，若能源名称填报，则必填单位	最多保留 2 位小数
05	填报。不大于本表指标 4	如果填报，最多保留 2 位小数

5.1.4 工业企业废水治理与排放情况

指调查年度从各种水源提取的并用于工业生产活动的水量总和，包括城市自来水用量、自备水（地表水、地下水和其他水）用量、水利工程供水，以及企业从市场购得的其他水（如其他企业回用水量）

工业企业废水治理与排放情况

表　　号：G 1 0 2 表
制定机关：国务院第二次全国污染源普查领导小组办公室
批准机关：国家统计局
批准文号：
有效期至：

统一社会信用代码：□□□□□□□□□□□□□□□□□□（□□）
组织机构代码：□□□□□□□□□（□□）
单位详细名称(盖章)：　　　　2 0 1 7 年

指标名称	计量单位	代码	指标值	
甲	乙	丙	1	
一、取水情况	—	—	—	
取水量	立方米	01		
其中：城市自来水	立方米	02		
自备水	立方米	03		
水利工程供水	立方米	04		
其他工业企业供水	立方米	05		
二、废水治理设施情况	—	—	—	
废水治理设施数				
废水治理设施				
废水类型名称/代码	—	07		
设计处理能力	立方米/日	08		
处理方法名称/代码	—	09		
年运行小时	小时	10		
年实际处理水量	立方米	11		
其中：处理其他单位水量	立方米	12		
加盖密闭情况	—	13		
处理后废水去向	—	14		
三、废水排放情况	—	—		
废水总排放口数	个	15		
		—		
废水总排放口编号	—	16		
废水总排放口名称	—	17		
废水总排放口类型	—	18		
排水去向类型	—	19		
排入污水处理厂/企业名称	—	20		
排放口地理坐标	—	21	经度：__度__分__秒 纬度：__度__分__秒	经度：__度__分__秒 纬度：__度__分__秒
废水排放量	立方米	22		
化学需氧量产生量	吨	23		
化学需氧量排放量	吨	24		
氨氮产生量	吨	25		
氨氮排放量	吨	26		
总氮产生量	吨	27		
总氮排放量	吨	28		
总磷产生量	吨	29		
总磷排放量	吨	30		
石油类产生量	吨	31		
石油类排放量	吨	32		
挥发酚产生量	千克	33		
挥发酚排放量	千克	34		

指调查年度通过城镇自来水管道购自公共供水企业的自来水水量。保留整数

指调查年度所消耗的自备水水量，包括地表水、地下水、海水等。保留整数

指调查年度所消耗的自备水水量，包括地表水、地下水、海水等。保留整数

指调查年度从其他工业获取的不包括自来水的水及水的产品，包括企业回用水量、蒸汽、热水、地热水、外来中水等。保留整数

指用于防治水污染和经处理后综合利用水资源的实有设施（包括构筑物）数，以一个废水治理系统为单位统计（同一股水的概念），以水处理过程是否终结为标志识别治理设施套数

以处理设施和废水排放口为基础填报，上下没有一一对应关系

指每套废水治理设施处理的废水种类，即不同的生产工序排放的不同类型的工业废水

根据废水处理的工艺方法，按指标解释通用代码表中表1填写。
一套处理设施涉及以上多种处理工艺的，选择高级别的处理工艺填报，按照以下级别存在的优先顺序选择一种填报：编号6000~6300优于4000~5400优于1000~3500

指废水处理设施在调查年度实际处理的生产废水和厂区生活污水量，包括处理后外排的和处理后回用的废水量。虽经处理但未达到国家或地方排放标准的废水量也应计算在内

仅限行业类别代码为2511、2519、2521、2522、2523、2614、2619、2621、2631、2652、2653、2710的行业填报

发放了排污许可证的企业，按照排污许可证载明的废水排放口编号填报，没有发放排污许可证的企业按照《排污单位编码规则》（HJ608—2017），对废水排放口进行编号，不同排放口编号不得重复

指废水经处理设施处理后的去向，包括：1.本厂回用。2.经排放口排出厂区。3.其他。其中经排放口排出厂区的，应填写对应的废水总排放口编号。其中经排放口排出厂区的，应填写对应的废水总排放口编号

有排污许可证的企业，按照排污许可证载明的废水排放口编号填报，没有发放排污许可证的企业按照《排污单位编码规则》（HJ608—2017），对废水排放口自行编号，不同排放口编号不得重复。指废水经本厂污染治理设施处理或未经处理后，从厂区排出的排放口的个数

指相应废水总排放口的类型，选择1.工业废水或综合废水排放口，2.单独排放的生活污水，3.间接冷却水排放口

指调查年度所有排放口排到企业外部的工业废水量。包括生产废水、外排的直接冷却水、废气治理设施废水、超标排放的矿井地下水和与工业废水混排的厂区生活污水，不包括独立外排的生活污水和间接冷却水（清浊不分流的间接冷却水应计算在内）

指生产过程中产生的未经过处理的废水中所含的化学需氧量、氨氮、总氮、总磷、石油类、挥发酚、氰化物等污染物和砷、铅、镉、汞、总铬、六价铬等重金属本身的纯质量

根据废水治理设施前的进水水量与进入废水治理设施前的浓度监测数据核算，或采用产污系数核算。1.废水排入污水处理厂、其他单位的，企业厂界浓度可以作为进口浓度核算产生量；2.废水不外排的，也应核算污染物产生量

续表

指标名称	计量单位	代码	指标值	
甲	乙	丙	废水总排放口 1	……
氰化物产生量	千克	35		
氰化物排放量	千克	36		
总砷产生量	千克	37		
总砷排放量	千克	38		
总铅产生量	千克	39		
总铅排放量	千克	40		
总镉产生量	千克	41		
总镉排放量	千克	42		
总铬产生量	千克	43		
总铬排放量	千克	44		
六价铬产生量	千克	45		
六价铬排放量	千克	46		
总汞产生量	千克	47		
总汞排放量	千克	48		

指生产过程中产生的未经过处理的废水中所含的化学需氧量、氨氮、总氮、总磷、石油类、挥发酚、氰化物等污染物和砷、铅、镉、汞、总铬、六价铬等重金属本身的纯质量

根据废水治理设施前的进水水量与进入废水治理设施前的浓度监测数据核算，或采用产污系数核算。
1. 废水排入污水处理厂、其他单位的，企业厂界浓度可以作为进口浓度核算产生量；
2. 废水不外排的，也应核算污染物产生量

单位负责人： 统计负责人（审核人）： 填表人： 报出日期： 2 0 年 月 日

说明：1. 本表由辖区内有废水及废水污染物产生或排放的工业企业填报；

2. 尚未领取统一社会信用代码的填写原组织机构代码号；

3. 如需填报的治理设施套数或废水总排放口数量超过 2 个，可自行复印表格填报；

4. 废水排放去向为入外环境的，即废水排放去向选择 A、B、F、G 的，排放口地理坐标填写入外环境排放口位置的地理坐标，除此之外排放口地理坐标填写废水排出厂区位置的地理坐标，“秒”指标最多保留 2 位小数；

5. 指标 13 仅限行业类别代码为 2511、2519、2521、2522。2523、2614、2619、2621、2631、2652、2653、2710 的行业填报；加盖密闭情况包括 1. 无密闭，2. 隔油段密闭。3. 气浮段密闭，4. 生化处理段密闭，其中选择 2、3、4 的可多选；

6. 产生量、排放量指标保留 3 位小数；

7. 审核关系：01=02+03+04+05，27≥25，28≥26，43≥45，44≥46，同一污染物产生量大于等于排放量。

质控要求—《工业企业废水治理与排放情况》(G102 表)

代码	审核规则	数据格式
01	必填。01=02+03+04+05	保留整数
02		保留整数
03		保留整数
04		保留整数
05		保留整数
06		
07	指标 06 非 0 时必填	
08	指标 06 非 0 时必填	保留整数
09	指标 06 非 0 时必填	
10	指标 06 非 0 时必填。不大于 8 760	保留整数
11	指标 06 非 0 时必填	保留整数
12	小于等于指标 11	保留整数
13	G101-1 指标 03 中选择 2511、2519、2521、2522、2523、2614、2619、2621、2631、2652、2653、2710 的，必填。不涉及上述行业的，必留空	
14	指标 06 非 0 时必填	
15	必填。指标 14 选 2 的必填并不得为 0	
16	若 15 指标填 0，则空值；若 15 指标非 0，代码格式为 DW+XXX（三位数字）	
17	若 15 指标填 0，则空值；若 15 指标非 0，必填	格式为“××企业（暨 G101—1 指标 02）+废水总排放口类型（暨 G102 指标 18）”
18	若 15 指标填 0，则空值；若 15 指标非 0，则必填	
19	若 15 指标填 0，则空值；若 15 指标非 0，则必填	
20	本表指标 19 选择了“L、H、E”，必填；污水处理厂/企业名称必须与清查名录库名称匹配	
21	若 15 指标填 0，则空值；若 15 指标非 0，则必填	
22	暂时留白	保留整数
23	暂时留白；23≥24	保留 3 位小数
24	暂时留白	保留 3 位小数
25	暂时留白；25≥26	保留 3 位小数
26	暂时留白	保留 3 位小数
27	暂时留白；27≥28；27≥25	保留 3 位小数
28	暂时留白；28≥26	保留 3 位小数
29	暂时留白；29≥30	保留 3 位小数

续表

代码	审核规则	数据格式
30	暂时留白	保留 3 位小数
31	暂时留白；31≥32	保留 3 位小数
32	暂时留白	保留 3 位小数
33	暂时留白；33≥34	保留 3 位小数
34	暂时留白	保留 3 位小数
35	暂时留白；35≥36	保留 3 位小数
36	暂时留白	保留 3 位小数
37	暂时留白；37≥38	保留 3 位小数
38	暂时留白	保留 3 位小数
39	暂时留白；39≥40	保留 3 位小数
40	暂时留白	保留 3 位小数
41	暂时留白；41≥42	保留 3 位小数
42	暂时留白	保留 3 位小数
43	暂时留白，43≥44；43≥45	保留 3 位小数
44	暂时留白；44≥46	保留 3 位小数
45	暂时留白；45≥46	保留 3 位小数
46	暂时留白	保留 3 位小数
47	暂时留白；47≥48	保留 3 位小数
48	暂时留白	保留 3 位小数

5.1.5 工业企业锅炉/燃气轮机废气治理与排放情况

工业企业锅炉/燃气轮机废气治理与排放情况

表　　号：　　G103－1表
制定机关：　　国务院第二次全国污染源普查领导小组办公室
批准机关：　　国家统计局
批准文号：
有效期至：

统一社会信用代码：□□□□□□□□□□□□□□□□□□（□□）
组织机构代码：□□□□□□□□□（□□）
单位详细名称(盖章)：　　　　2017年

指标名称	计量单位	代码	指标值	
			锅炉/燃气轮机1	锅炉/燃气轮机2
甲	乙	丙	1	2
一、电站锅炉/燃气轮机基本信息	—	—		—
电站锅炉/燃气轮机编号	—	01		
电站锅炉/燃气轮机类型	—	02		
对应机组编号	—	03		
对应机组装机容量	万千瓦	04		
是否热电联产	—	05		
电站锅炉燃烧方式名称	—	06		
电站锅炉/燃气轮机额定出力	蒸吨/小时	07		
电站锅炉/燃气轮机运行时间	小时	08		
二、工业锅炉基本信息	—	—	—	—
工业锅炉编号	—	09		
工业锅炉类型	—	10		
工业锅炉用途		11	□ □ □ 1 生产 2 采暖 3 其他	□ □ □ 1 生产 2 采暖 3 其他
工业锅炉燃烧方式名称	—	12		
工业锅炉额定出力	蒸吨/小时	13		
工业锅炉运行时间	小时	14		
三、产品、燃料信息	—	—		
发电量	万千瓦时	15		
供热量	万吉焦	16		
燃料一类型	—	17		
燃料一消耗量	吨或万立方米	18		
其中：发电消耗量	吨或万立方米	19		
供热消耗量	吨或万立方米	20		
燃料一低位发热量	千卡/千克或千卡/标准立方米	21		
燃料一平均收到基含硫量	%或毫克/立方米	22		
燃料一平均收到基灰分	%	23		
燃料一平均干燥无灰基挥发分	%	24		
燃料二类型	—	25		
燃料二消耗量	吨或万立方米	26		
其中：发电消耗量	吨或万立方米	27		
供热消耗量	吨或万立方米	28		
燃料二低位发热量	千卡/千克或千卡/标准立方米	29		
燃料二平均收到基含硫量	%或毫克/立方米	30		
燃料二平均收到基灰分	%	31		
燃料二平均干燥无灰基挥发分	%	32		
其他燃料消耗总量	吨标准煤	33		

续表

指标名称	计量单位	代码	指标值	
			锅炉/燃气轮机 1	锅炉/燃气轮机 2
甲	乙	丙	1	2
四、治理设施及污染物产生排放情况	—	—	—	—
排放口编号		34		
排放口地理坐标		35		度：__度__分__秒 度：__度__分__秒
排放口高度		36		
脱硫设施编号		37		
脱硫工艺		38		
脱硫效率		39		
脱硫设施年运行时间		40		
脱硫剂名称	—	41		
脱硫剂使用量	吨	42		
是否采用低氮燃烧技术	—	43	□　1 是　2 否	□　1 是　2 否
脱硝设施编号	—	44		
脱硝工艺	—	45		
脱硝效率	%	46		
脱硝设施年运行时间	小时	47		
脱硝剂名称	—	48		
脱硝剂使用量	吨	49		
除尘设施编号	—	50		
除尘工艺	—	51		
除尘效率	%	52		
除尘设施年运行时间	小时	53		
工业废气排放量	万立方米	54		
二氧化硫产生量	吨	55		
二氧化硫排放量	吨	56		
氮氧化物产生量		57		
氮氧化物排放量	吨	58		
颗粒物产生量	吨	59		
颗粒物排放量	吨	60		
挥发性有机物产生量	千克	61		
挥发性有机物排放量	千克	62		
氨排放量	吨	63		
废气砷产生量	千克	64		
废气砷排放量	千克	65		
废气铅产生量	千克	66		
废气铅排放量	千克	67		
废气镉产生量	千克	68		
废气镉排放量	千克	69		
废气铬产生量	千克	70		
废气铬排放量	千克	71		
废气汞产生量	千克	72		
废气汞排放量	千克	73		

指相应机组对应的排放口编号。发放了排污许可证的企业，按照排污许可证载明的废气排放口编号填报，没有发放排污许可证的企业按照《排污单位编码规则》（HJ608—2017），对废气排放口进行编号，不同排放口编号不得重复

指普查对象锅炉废气排放口地理位置的经、纬度

指相应废气排放口的离地高度

按照2017年年底相应的工业锅炉或电站锅炉是否采用了低氮燃烧技术填报

脱硫、脱硝、除尘设施编号：发放了排污许可证的企业，按照排污许可证载明的脱硫、脱硝、除尘处理设施编号填报，没有发放排污许可证的企业按照《排污单位编码规则》（HJ608—2017），对脱硫、脱硝、除尘处理设施进行编号，不同设施编号不得重复。
脱硫、脱硝、除尘设施效率：指2017年度相应的脱硫、脱硝、除尘设施实际的污染物去除效率。根据相应设施的进口和出口污染物排放量或平均浓度计算去除效率，无进口污染物平均浓度的可应用产排污系数法计算产生量，用于计算去除效率。
脱硫、脱硝、除尘设施年运行时间：指2017年度相应的脱硫、脱硝、除尘处理设施实际运行小时数。
脱硫剂、脱硝剂名称、使用量：指2017年度相应的脱硫、脱硝设施运行时使用的药剂名称及其使用量

污染物产排量按锅炉对应填报。对于多个锅炉共有一个排放口，且只有一套监测数据的，用监测数据核算的排放量，要分配到每个锅炉上

单位负责人：　　统计负责人（审核人）：　　填表人：　　报出日期：20　年　月　日

说明：1. 本表由辖区内有工业锅炉的工业企业，以及所有在役火电厂、热电联产企业及工业企业的自备电厂、垃圾和生物质焚烧发电厂填报；

2. 尚未领取统一社会信用代码的填写原组织机构代码号；

3. 单列只填写单台锅炉或燃气轮机信息，如工业锅炉、电站锅炉、燃气轮机超过 2 个，可自行增列填报；排放口的地理坐标中“秒”指标最多保留 2 位小数，产生量、排放量指标保留 3 位小数；审核关系：18=19+20，26=27+28。

质控要求—《工业企业锅炉/燃气轮机废气治理与排放情况》(G103-1 表)

代码	审核规则	数据格式
01	同一企业所有设备 MF 开头的编号不能相同；编号编码结构为：MF+××××（四位数字）	空值，或 MF+4 位数字
02	01 指标为空则为空；01 指标填写则必填	
03	01 指标为空则为空；01 指标填写则必填；编号编码结构为：MF+××××（四位数字）	
04	01 指标为空则为空；01 指标填写则必填	
05	01 指标为空则为空；01 指标填写则必填	
06	01 指标为空则为空； 02 指标代码（锅炉类型）为 R5、R7 时此处空值；02 指标代码为 R1 是此处为 RM01～RM06；02 指标代码为 R2 时此处为 RY01～RY02；02 指标代码为 R3 时此处为 RQ01～RQ02；02 指标代码为 R4 时此处为 RS01～RS02	
07	01 指标为空则为空；01 指标填写则必填	
08	01 指标为空则为空；01 指标填写则必填	
09	01 和 09 编号不能相同；编号编码结构为：MF+××××（四位数字）	空值，或 MF+4 位数字
10	09 指标（工业锅炉）为空则为空；09 指标填写则必填；选择 R5 余热利用锅炉或电锅炉（R6 其他锅炉）的，仅填指标 11、13、14	可多选
11	09 指标为空则为空；09 指标填写则必填	
12	09 指标为空则为空；10 指标代码为 R5 时此处空值；10 指标代码为 R1 是此处为 RM01～RM06；10 指标代码为 R2 时此处为 RY01～RY02；10 指标代码为 R3 时此处为 RQ01～RQ02；10 指标代码为 R4 时此处为 RS01～RS02	
13	09 指标为空则为空；09 指标填写则必填	
14	09 指标为空则为空；09 指标填写则必填	
15	指标 01（电站锅炉）填写的，必填	
16	指标 05（热电联产）选是的，必填且不得为 0	
17	本表指标 06 和 12（有燃烧方式）填报了的，必填	
18	指标 17 填报了的，必填，且指标 18=19+20	
19	指标 01（电站锅炉）和 17（燃料）同时填报的，必填	
20	指标 05（热电联产）选择是的，或指标 09（工业锅炉）和 17（燃料一）填写的，必填	
21	必填，值域结合指标“17（燃料一）”及表 2（燃料类型及代码表）填报，弹性系数取 0.8～1.2	
22	指标 17 选择 1～10 的，数据区间介于 0.2～3；指标 17 选择 18～22 的，数据区间不得高于 0.000 05；指标 17 选择 11～15 的，数据区间为 0～200（注意指标单位与燃料类型对应）	
23	指标 17 选填 1～10 的，数据区间介于 5～40；指标 17 选填 11～26、28 的，不填	
24	指标 17 选填 1～10 的，必填；指标 17 选填 11～26、28 的，不填	

续表

代码	审核规则	数据格式
25	25 不得与 17 重复	
26	燃料二	
27		
28		
29		
30		
31		
32		
34	指标 06、12（有燃烧）填写的必填，编码格式 DA+×××（三位数字）。多个锅炉对应一个排放口的，编号要相同	DA+3 位数字
35	本表指标 34（排放口）填写则必填坐标，先经度后维度，按度分秒格式填写	
36	本表指标 34（排放口）填写则必填	
37	多个锅炉共有一套治理设施的，编号要相同	TA+3 位数字
38	本表指标 37（脱硫）填报的，必填	
40	本表指标 37 填报的，必填，不大于 8 760	保留整数
41	本表指标 37 填报的，必填	
42	本表指标 37 填报的，必填	
43	必填	
44	多个锅炉共有一套治理设施的，编号要相同	TA+3 位数字
45	本表指标 44（脱硝）填报了的，必填	
47	本表指标 44 填报了的，必填；不大于 8 760	保留整数
48	本表指标 44 填报了的，必填	
49	本表指标 44 填报了的，必填	
50	多个锅炉共有一套治理设施的，编号要相同	TA+3 位数字
51	若本表指标 50（除尘）填报了的，必填	
53	若本表指标 50 填报了的，必填；不大于 8 760	保留整数
54	54～73（污染物排放量）	保留 3 位小数

5.1.6 工业企业炉窑废气治理与排放情况

指在工业生产中用燃料燃烧或电能转换产生的热量，将物料或工件进行冶炼、焙烧、烧结、熔化、加热等工序的热工设备

工业企业炉窑废气治理与排放情况

表　　号：G103－2表
制定机关：国务院第二次全国污染源普查领导小组办公室
批准机关：国家统计局
批准文号：
有效期至：

统一社会信用代码：□□□□□□□□□□□□□□□□□□（□□）
组织机构代码：□□□□□□□□□（□□）
单位详细名称(盖章)：　　　　2017年

指标名称	计量单位	代码	指标值	
			炉窑1	炉窑2
甲	乙	丙	1	2
一、基本信息	—	—	—	—
炉窑类型	—	01		
炉窑编号	—	02		
炉窑规模	—	03		
炉窑规模的计量单位	—	04		
年生产时间	小时	05		
二、燃料信息	—	—	—	—
燃料一类型	—	06		
燃料一消耗量	吨或万立方米	07		
燃料一低位发热量	千卡/千克或千卡/标准立方米	08		
燃料一平均收到基含硫量	%或毫克/立方米	09		
燃料一平均收到基灰分	%	10		
燃料一平均干燥无灰基挥发分	%	11		
燃料二类型	—	12		
燃料二消耗量	吨或万立方米	13		
燃料二低位发热量	千卡/千克或千卡/标准立方米	14		
燃料二平均收到基含硫量	%或毫克/立方米	15		
燃料二平均收到基灰分	%	16		
燃料二平均干燥无灰基挥发分	%	17		
其他燃料消耗总量	吨标准煤	18		
三、产品信息	—	—		—
产品名称	—	19		
产品产量	—	20		
产品产量的计量单位		21		
四、原料信息	—	—		
原料名称	—	22		
原料用量		23		
原料用量的计量单位		24		
五、治理设施及污染物产生排放情况	—	—		
脱硫设施编号	—	25		
脱硫工艺	—	26		
脱硫效率	—	27		
脱硫设施年运行时间	小时	28		
脱硫剂名称	—	29		
脱硫剂使用量	吨	30		
脱硝设施编号	—	31		
脱硝工艺	—	32		

炉窑类型：指相应炉窑的类型，按给出表填报

炉窑规模：指相应炉窑用于生产某种产品的年生产能力，或在原材料、燃料动力供应充分，劳动力配备合理，设备正常运转的条件下，可能达到的某种产品年产量或原料的年消耗量

燃料一消耗量：指普查对象2017年度用作相应炉窑生产所消耗的燃料量

其他燃料消耗总量：指相应机组除本表中填报的两种燃料外的其他燃料总的消耗量，均需按相应的折标系数折合为标准煤填报消耗量

产品信息：指普查对象2017年度使用相应炉窑进行生产的产品名称、计量单位、年实际产量。有多种产品的，选择最具代表性的产品填报，产品名称、计量单位按照国务院部第二次全国污染源普查工作领导小组办公室提供的清单选取填报

原料信息：指普查对象2017年度使用相应炉窑消耗的原料的名称、计量单位、年实际用量，有多种原料的，选择最具代表性的原料填报，原料名称、计量单位按照国务院部第二次全国污染源普查工作领导小组办公室提供的清单选取填报

治理设施及污染物产生排放情况：有多个排放口，且治理设施有多套的，填写排放量占比最大的排放口的污染治理设施情况，但排放量要填写相应炉窑所有排放口和无组织排放的排放量

续表

指标名称	计量单位	代码	指标值	
			烧结/球团生产线 1	烧结/球团生产线 2
甲	乙	丙	1	2
脱硝设施编号	—	31		
脱硝工艺	—	32		
脱硝效率	%	33		
脱硝设施年运行时间	小时	34		
脱硝剂名称	—	35		
脱硝剂使用量	吨	36		
除尘设施编号	—	37		
除尘工艺	—	38		
除尘效率	%	39		
除尘设施年运行时间	小时	40		
工业废气排放量	万立方米	41		
二氧化硫产生量	吨	42		
二氧化硫排放量	吨	43		
氮氧化物产生量	吨	44		
氮氧化物排放量	吨	45		
颗粒物产生量	吨	46		
颗粒物排放量	吨	47		
烧结机尾排放口	—	—	—	—
排放口编号	—	48		
排放口地理坐标	—	49	经度：__度__分__秒 纬度：__度__分__秒	经度：__度__分__秒 纬度：__度__分__秒
排放口高度	米	50		
除尘设施编号	—	51		
除尘工艺	—	52		
除尘效率	%	53		
除尘设施年运行时间	小时	54		
工业废气排放量	万立方米	55		
颗粒物产生量	吨	56		
颗粒物排放量	吨	57		
一般排放口及无组织	—	—	—	—
工业废气排放量	万立方米	58		
二氧化硫产生量	吨	59		
二氧化硫排放量	吨	60		
氮氧化物产生量	吨	61		
氮氧化物排放量	吨	62		
颗粒物产生量	吨	63		
颗粒物排放量	吨	64		

单位负责人： 统计负责人（审核人）： 填表人： 报出日期：20 年 月 日

说明：1. 本表由辖区内有烧结/球团工序的钢铁冶炼企业填报；

2. 尚未领取统一社会信用代码的填写原组织机构代码号；

3. 如需填报的烧结/球团生产线数量超过 2 个，可自行复印表格填报；

4. 排放口的地理坐标中“秒”指标最多保留 2 位小数；产生量、排放量指标保留 3 位小数。

质控要求—《工业企业炉窑废气治理与排放情况》（G103-2 表）

代码	审核规则	数据格式
01	必填	
02	必填。MF+××××（四位数字）	MF+4 位数字
03	必填	
04	必填	
05	必填。不大于 8 760	
07	填写 06（燃料一）的，必填	
08	燃料一	
09		
10		
11		
13	指标 12 填写的，必填	
14	燃料二	
15		
16		
17		
19	必填。结合“二污普”填报助手填报	
20	必填	
21	必填。结合“二污普”填报助手填报	
22	必填。结合“二污普”填报助手填报	
23	必填	
24	必填。结合“二污普”填报助手填报	
25	指标 25（脱硫）填报的，必填	
26	必填	
27	指标 25 填报的，必填。不大于 8 760	
28	指标 25 填报的，必填	
29	指 25 填报的，必填	
30		TA+3 位数字
31	指标 31（脱硝）填报的，必填	
32	指标 31 填报的，必填	
33	指标 31 填报的，必填。不大于 8 760	
34	指标 31 填报的，必填	
35	指 31 填报的，必填	
36		TA+3 位数字

续表

代码	审核规则	数据格式
37	指标 37（除尘）填报的，必填	
38	指标 37 填报的，必填	
39	指标 37 填报的，必填。不大于 8 760	
45	45～64（污染物排放量）	保留 3 位小数

5.1.7　石化企业工艺加热炉废气治理与排放情况

表　　号：G103-8 表
制定机关：国务院第二次全国污染源普查领导小组办公室
批准机关：国家统计局
批准文号：国统制〔2018〕103 号
有效期至：2019 年 12 月 31 日

统一社会信用代码：□□□□□□□□□□□□□□□□□□（□□）
组织机构代码：□□□□□□□□□（□□）
单位详细名称（盖章）：　　2017 年

指标名称	计量单位	代码	指标值	
			加热炉 1	加热炉 2
甲	乙	丙	1	2
一、基本信息	—	—	—	—
加热炉编号	—	01		
加热物料名称	—	02		
加热炉规模	兆瓦	03		
热效率	—	04		
炉膛平均温度	℃	05		
年生产时间	小时	06		
二、燃料消耗情况	—	—	—	—
燃料一类型	—	07		
燃料一消耗量	吨或万立方米	08		
燃料一低位发热量	千卡/千克或千卡/标准立方米	09		
燃料一平均收到基含硫量	%或毫克/立方米	10		
燃料二类型	—	11		
燃料二消耗量	吨或万立方米	12		
燃料二低位发热量	千卡/千克或千卡/标准立方米	13		

续表

指标名称	计量单位	代码	指标值	
			加热炉 1	加热炉 2
甲	乙	丙	1	2
燃料二平均收到基含硫量	%或毫克/立方米	14		
三、治理设施及污染物产生排放情况	—	—	—	—
脱硫设施编号	—	15		
脱硫工艺	—	16		
脱硫效率	%	17		
脱硫设施年运行时间	小时	18		
脱硫剂名称	—	19		
脱硫剂使用量	吨	20		
是否采用低氮燃烧技术	—	21	□ 1 是 2 否	□ 1 是 2 否
除尘设施编号	—	22		
除尘工艺	—	23		
除尘效率	%	24		
除尘设施年运行时间	小时	25		
工业废气排放量	万立方米	26		
二氧化硫产生量	吨	27		
二氧化硫排放量	吨	28		
氮氧化物产生量	吨	29		
氮氧化物排放量	吨	30		
颗粒物产生量	吨	31		
颗粒物排放量	吨	32		
挥发性有机物产生量	千克	33		
挥发性有机物排放量	千克	34		

单位负责人： 统计负责人（审核人）： 填表人： 报出日期：20 年 月 日

说明：1. 本表由辖区内石化企业填报；

2. 尚未领取统一社会信用代码的填写原组织机构代码号；

3. 如需填报的工艺加热炉数量超过 2 个，可自行复印表格填报；

4. 产生量、排放量指标保留 3 位小数。

质控要求—《石化企业工艺加热炉废气治理与排放情况》(G103-8 表)

代码	审核规则	数据格式
01	MF+4 位数字	MF+4 位数字
02	必填	
03	必填	
04	必填。取 0～1	
05	必填。取 100～2 000	
06	必填。不大于 8 760	

5.1.8　石化企业生产工艺废气治理与排放情况

表　　号：G103-9 表
制定机关：国务院第二次全国污染源普查领导小组办公室
统一社会信用代码：□□□□□□□□□□□□□□□□□□□□（□□）　批准机关：国家统计局
组织机构代码：□□□□□□□□□□（□□）　批准文号：国统制〔2018〕103 号
单位详细名称（盖章）：　2017 年　有效期至：2019 年 12 月 31 日

指标名称	计量单位	代码	指标值	
			装置 1	装置 2
甲	乙	丙	1	2
一、基本信息	—	—	—	—
装置名称	—	01		
装置编号	—	02		
生产能力	—	03		
生产能力的计量单位	—	04		
年生产时间	小时	05		
二、产品信息	—	—	—	—
产品名称	—	06		
产品产量	—	07		
产品产量的计量单位	—	08		
三、原料信息	—	—	—	—
原料名称	—	09		
原料用量	—	10		
原料用量的计量单位	—	11		
四、治理设施及污染物产生排放情况	—	—	—	—
脱硫设施编号	—	12		
脱硫工艺	—	13		
脱硫效率	%	14		
脱硫设施年运行时间	小时	15		

续表

指标名称	计量单位	代码	指标值	
			装置 1	装置 2
甲	乙	丙	1	2
脱硫剂名称	—	16		
脱硫剂使用量	吨	17		
脱硝设施编号	—	18		
脱硝工艺	—	19		
脱硝效率	%	20		
脱硝设施年运行时间	小时	21		
脱硝剂名称	—	22		
脱硝剂使用量	吨	23		
除尘设施编号	—	24		
除尘工艺	—	25		
除尘效率	%	26		
除尘设施年运行时间	小时	27		
挥发性有机物处理设施编号	—	28		
挥发性有机物处理工艺	—	29		
挥发性有机物去除效率	%	30		
挥发性有机物处理设施年运行时间	小时	31		
工艺废气排放量	万立方米	32		
二氧化硫产生量	吨	33		
二氧化硫排放量	吨	34		
氮氧化物产生量	吨	35		
氮氧化物排放量	吨	36		
颗粒物产生量	吨	37		
颗粒物排放量	吨	38		
挥发性有机物产生量	千克	39		
挥发性有机物排放量	千克	40		
氨排放量	吨	41		
五、全厂动静密封点及循环水冷却塔情况	—	—	—	
全厂动静密封点个数	个	42		
全厂动静密封点挥发性有机物产生量	千克	43		
全厂动静密封点挥发性有机物排放量	千克	44		
敞开式循环水冷却塔年循环水量	立方米	45		
敞开式循环水冷却塔挥发性有机物产生量	千克	46		
敞开式循环水冷却塔挥发性有机物排放量	千克	47		

单位负责人：　　统计负责人（审核人）：　　填表人：　　报出日期：20　年　月　日

说明：1. 本表由辖区内石化企业填报；

2. 尚未领取统一社会信用代码的填写原组织机构代码号；

3. 如需填报的产品/原料数量超过 2 个，可自行复印表格填报；

4. 产生量、排放量指标保留 3 位小数。

质控要求—《石化企业生产工艺废气治理与排放情况》(G103-9 表)

代码	审核规则	数据格式
01	必填	
02	MF+4 位数字	MF+4 位数字
03	必填	保留整数
04	必填。计量单位须与“二污普”填报助手中主要产品、原料、生产工艺相应产品单位对应	
05	必填	

5.1.9 工业企业有机液体储罐、装载信息

工业企业有机液体储罐、装载信息

根据指标解释对应的解释中所列表的列行业的工业企业填报此表

表　　号：G103－10表
制定机关：国务院第二次全国污染源普查领导小组办公室
批准机关：国家统计局
批准文号：
有效期至：

统一社会信用代码：□□□□□□□□□□□□□□□□□□（□□）
组织机构代码：□□□□□□□□□（□□）
单位详细名称(盖章)：　　　　2017年

指标名称	计量单位	代码	指标值 物料1	物料2
甲	乙	丙	1	2
一、基本信息	—	—		
物料名称	—	01		
物料代码		02		
二、储罐信息	—	—		
储罐类型	—	03		
储罐容积	立方米	04		
储存温度	℃	05		
相同类型、容积的储罐个数	个	06		
物料年周转量	吨	07		
三、装载信息	—	—	—	—
年装载量	吨/年	08		
其中：汽车/火车装载量	吨/年	09		
汽车/火车装载方式	—	10	□	□
船舶装载量	吨/年	11		
船舶装载方式	—	12	□	□
挥发性有机物处理工艺	—	13		
挥发性有机物产生量	千克	14		
挥发性有机物排放量	千克	15		

单位负责人：　　统计负责人（审核人）：　　填表人：　　报出日期：20　年　月　日

说明：1. 本表由辖区内有有机液体储罐的工业企业填报；
2. 尚未领取统一社会信用代码的填写原组织机构代码号；
3. 相同储罐类型、相同容积的储罐合并填报储罐个数，同一储罐不同时间储存不同物料的可分别计数；
4. 如需填报的物料类型数量超过2个，可自行复印表格填报；
5. 储罐容积达到20m3以上的填报储罐信息03-07；
6. 产生量、排放量保留3位小数；
7. 审核关系：08=09+11。

指所能容纳有机液体的体积，可根据储罐设计指标填报

以物料为基础填报

指相应储罐储存的有机液体物料的名称，参照已有表分类名称填报，如无相关对应物质，则填入“其他（物质名称）”

指相应储罐根据结构的不同所属的具体类型。按照(1)固定顶罐、(2)内浮顶罐、(3)外浮顶罐。卧式罐、方形罐按照固定顶罐填写，不统计压力储罐

指储罐内储存物料实际储存的温度平均值（精确到个位数）

指相应储罐在2017年度进入储罐储存的有机液体物料的累计总量

1.仅考虑装，不考虑卸，卸与使用一并考虑。
2.因上半部分填写储罐，同一物料分列填报的，装载信息在其中一列中填报即可

指相应物料2017年度在普查对象厂区内装载量

指有机液体采用汽车/火车运输时的装载方式。可选择(1)液下装载、(2)底部装载、(3)喷溅装载、(4)桶装、(5)其他

指2017年度普查对象相应有机液体储罐使用过程中排入大气的挥发性有机物的质量

指2017年度普查对象相应有机液体储罐使用过程中产生的未经过处理的废气中所含的挥发性有机物的质量

指减少控制有机液体物料装载过程逸散排放的挥发性有机物废气的处理工艺。按指标解释通用代码表中表5代码填报

质控要求—《工业企业有机液体储罐、装载信息》(G103-10 表)

代码	审核规则	数据格式
01	必填	
02	必填。选项为 01～48，需与指标 01 中的物料名称对应	
03	有 20 m^3 以上储罐的填报	
04	指标 03 填写则必填	不小于 20
05	指标 03 填写则必填	
06	指标 03 填写则必填	
07	指标 03 填写则必填	
08	指标 03 填写则必填	
09	必填	
10	必填	
11	指标 10 填报数据则必填	
13	指标 12 填报数据则必填	
15	暂时留白	保留 3 位小数
16	暂时留白	保留 3 位小数

5.1.10 工业企业含挥发性有机物原辅材料使用信息

工业企业含挥发性有机物原辅材料使用信息

指标解释对应的解释中所列表的列行业的工业企业填报此表

表　　号：　G103－11表
制定机关：　国务院第二次全国污染源普查领导小组办公室
批准机关：　国家统计局
批准文号：
有效期至：

统一社会信用代码：□□□□□□□□□□□□□□□□□□（□□）
组织机构代码：□□□□□□□□□（□□）
单位详细名称(盖章)：　　　　2017年

指标名称	计量单位	代码	指标值	
			原辅材料名称1	原辅材料名称2
甲	乙	丙	1	2
含挥发性有机物的原辅材料类别	—	01	□	□
含挥发性有机物的原辅材料名称	—	02		
含挥发性有机物的原辅材料代码		03		
含挥发性有机物的原辅材料品牌		04		
含挥发性有机物的原辅材料品牌代码	—	05		
含挥发性有机物的原辅材料使用量	吨	06		
挥发性有机物处理工艺	—	07		
挥发性有机物收集方式		08		
挥发性有机物产生量		09		
挥发性有机物排放量	千克	10		

单位负责人：　统计负责人（审核人）：　填表人：　报出日期：20　年　月　日

以含挥发性有机物的原辅材料为基础填报

含挥发性有机物的原辅材料信息

挥发性有机物处理、产排信息

五选一
（1）密闭管道：挥发性有机物通过密闭管道直接排入处理设施；
（2）密闭空间：挥发性有机物在密闭空间区域内无组织排放，但通过抽风设施排入处理设施，无组织排放区域处于负压操作状态，并设有压力监测器；
（3）排气柜：挥发性有机物在非密闭空间区域内无组织排放，但通过抽风设施排入处理设施，且采用集气柜作为废气收集系统；
（4）外部集气罩：挥发性有机物在非密闭空间区域内无组织排放，但通过抽风设施排入处理设施，且采用外部吸（集、排）气罩作为废气收集系统；
（5）其他收集方式：除上述四种方式以外的其他方式

指减少控制有机液体物料装载过程逸散排放的挥发性有机物废气的处理工艺。按指标解释通用代码表中表5代码填报

说明：1. 涉及含挥发性有机物的原辅材料使用的主要行业工业企业填报此表，主要行业见指标解释；
2. 尚未领取统一社会信用代码的填写原组织机构代码号；
3. 如需填报的含挥发性有机物的原辅材料超过2个，可自行复印表格填报，相同含挥发性有机物的原辅材料不同品牌分列填报；
4. 产生量、排放量保留3位小数；
5. 涉及含挥发性有机物的原辅材料年使用总量在1吨以上的工业企业填报此表。

质控要求—《工业企业含挥发性有机物原辅材料使用信息》(G103-11 表)

代码	审核规则	数据格式
01	必填	
02	必填。名称与本表指标解释中表 2 中物料名称相对应	
03	填写的，选项为 V01～V72	
04	指标 1 选 1、2、3 时必填	
05	填写的，选项为 PP01～PP70	
06	必填	
07		
08		
09	暂时留白	保留 3 位小数
10	暂时留白	保留 3 位小数

5.1.11 工业企业固体物料堆存信息

仅限于21种物料的堆存填报：1.煤炭（非褐煤）；2.褐煤；3.煤矸石；4.碎焦炭；5.石油焦；6.铁矿石；7.烧结矿；8.球团矿；9.块矿；10.混合矿石；11.尾矿；12.石灰岩；13.陈年石灰石；14.各种石灰石产品；15.芯球；16.表土；17.炉渣；18.烟道灰；19.油泥；20.污泥；21.含油碱渣

工业企业固体物料堆存信息

表　　号：G103－12表
制定机关：国务院第二次全国污染源普查领导小组办公室
批准机关：国家统计局
批准文号：
有效期至：

统一社会信用代码：□□□□□□□□□□□□□□□□□□（□□）
组织机构代码：□□□□□□□□□（□□）
单位详细名称（盖章）：　　　　2017年

指标名称	计量单位	代码	指标值	
			堆场1	堆场2
甲	乙	丙	1	2
一、基本信息	—	—	—	—
堆场编号	—	01		
堆场名称	—	02		
堆场类型	—	03		
堆存物料	—	04		
堆存物料类型	—	05	□	□
占地面积	平方米	06		
最高高度	米	07		
日均储存量	吨	08		
物料最终去向	—	09		
二、运载信息	—	—	—	—
年物料运载车次	车	10		
单车平均运载量	吨/车	11		
三、控制设施及污染物产生排放情况	—	—	—	—
粉尘控制措施	—	12		
粉尘产生量	吨	13		
粉尘排放量	吨	14		
挥发性有机物产生量	千克	15		
挥发性有机物排放量	千克	16		

单位负责人：　　统计负责人（审核人）　　填表人：　　报出日期：20　年　月　日

堆场类型：指相应堆场堆放料堆的方式。可选择（1）敞开式堆放、（2）密闭式堆放、（3）半敞开式堆放、（4）其他（请注明）

堆存物料：指相应堆场堆放的具体固体物料。可以选择01.煤炭（非褐煤），02.褐煤，03.煤矸石，04.碎焦炭，05.石油焦，06.铁矿石，07.烧结矿，08.球团矿，09.块矿，10.混合矿石，11.尾矿，12.石灰岩，13.陈年石灰石，14.各种石灰石产品，15.芯球，16.表土，17.炉渣，18.烟道灰，19.油泥，20.污泥，21.含油碱渣

堆存物料类型：可选择1.中间产品，2.原料，3.产品，4.其他（请注明）

占地面积、最高高度、日均储存量：指相应堆场的占地面积、料堆的最高高度以及堆场2017年度平均每日堆放量

年物料运载车次、单车平均运载量：指2017年度相应堆场物料运载的车次数和平均每一车的物料运载量

粉尘控制措施：指相应堆场采取的粉尘排放控制措施。按照（1）洒水、（2）围挡、（3）化学剂、（4）编织布覆盖、（5）出入车辆冲洗、（6）其他，分类填报

产生量：指2017年度普查对象相应堆场产生的未经过处理的废气中所含的粉尘、挥发性有机物的质量

排放量：指2017年度普查对象相应堆场排入大气的粉尘、挥发性有机物的质量

说明：1. 本表由辖区内有固体物料堆存的工业企业填报；
2. 尚未领取统一社会信用代码的填写原组织机构代码号；
3. 如需填报的堆场数量超过2个，可自行复印表格填报；
4. 产生量、排放量保留3位小数。

质控要求—《工业企业固体物料堆存信息》(G103-12 表)

代码	审核规则	数据格式
1	必填，数据格式为“TS+×××（三位阿拉伯数字）”或“MF+××××”	MF+4 位数字或 TS+3 位数字
2	必填	
3	必填。选填	
4	必填	
5	必填。选填	
6	必填	
7	必填	
8	必填	
9	必填。选填	
11	指标 10 填报了的必填	
12	必填。选填	
13	暂时留白	保留 3 位小数
14	暂时留白	保留 3 位小数
15	暂时留白	保留 3 位小数
16	暂时留白	保留 3 位小数

5.1.12 工业企业其他废气治理与排放情况

普查对象若填报G103-1至G103-13中的一张或多张表后，仍有未包含的废气排污环节，须将未包含的废气情况填报在本表；或普查对象无G103-1至G103-13所涉及的排污环节、但有废气排放的，须填报本表

工业企业其他废气治理与排放情况

表　　号：　　G103－13表
制定机关：　　国务院第二次全国污染源普查领导小组办公室
批准机关：　　国家统计局
批准文号：
有效期至：

统一社会信用代码：□□□□□□□□□□□□□□□□□□（□□）
组织机构代码：□□□□□□□□□（□□）
单位详细名称(盖章)：　　　　　　　　　　2017年

指标名称	计量单位	代码	指标值
甲	乙	丙	1
一、产品/原料信息	—	—	—
产品一名称	—	01	
产品一产量		02	
产品二名称	—	03	
产品二产量		04	
产品三名称	—	05	
产品三产量		06	
原料一名称	—	07	
原料一用量		08	
原料二名称	—	09	
原料二用量		10	
原料三名称	—	11	
原料三用量		12	
二、厂内移动源信息	—	—	—
挖掘机保有量	台	13	
推土机保有量	台	14	
装载机保有量	台	15	
柴油叉车保有量	台	16	
其他柴油机械保有量	台	17	
柴油消耗量	吨	18	
三、治理设施及污染物产生排放情况	—	—	—
脱硫设施数	套	19	
脱硝设施数	套	20	
除尘设施数	套	21	
挥发性有机物处理设施数	套	22	
氨治理设施数	套	23	
工业废气排放量	万立方米	24	
二氧化硫产生量	吨	25	
二氧化硫排放量	吨	26	
氮氧化物产生量	吨	27	
氮氧化物排放量	吨	28	
颗粒物产生量	吨	29	
颗粒物排放量	吨	30	
挥发性有机物产生量	千克	31	
挥发性有机物排放量	千克	32	
氨产生量	吨	33	
氨排放量	吨	34	
废气砷产生量	千克	35	
废气砷排放量		36	

产品一名称至产品三产量：指该表中产生废气及废气污染物涉及的产品名称，最多填3项主要产品。产品名称根据 第二次全国污染源普查工作办公室提供的清单填报

原料一名称至原料三用量：指该表中产生废气及废气污染物涉及的原料名称，最多填3项主要原料。原料名称根据 第二次全国污染源普查工作办公室提供的清单填报

二、厂内移动源信息：指厂内自用，未在公安交通管理部门登记的机动车和移动机械

挖掘机保有量至其他柴油机械保有量：指相同类型的厂内移动车辆的保有数量

柴油消耗量：指2017年度厂内移动车辆的柴油消耗量

三、治理设施及污染物产生排放情况：因涉及排放口数量不等，且可能涉及无明显差异的小型排放口，故仅填写数量，具体的信息，根据核算的需要，在G106-1中体现

工业废气排放量：指 2017 年度普查对象排入空气中含有污染物的气体总量，以标态体积计

二氧化硫产生量至氮氧化物排放量：指2017年度普查对象相应生产线生产过程中产生的未经过处理的废气中所含 的污染物的质量。废气污染物种类包括二氧化硫、氮氧化物、颗粒物、挥发性有机物、氨，以及废气中 砷、铅、镉、铬、汞

颗粒物产生量、颗粒物排放量：指生产过程中产生的未经过处理的废气中所含的烟尘及工业粉尘的总质量

废气重金属产生量：指普查对象生产过程中产生的未经过处理的废气中分别所含的砷、铅、镉、铬、汞及其化合物的总质量（以元素计）

续表

指标名称	计量单位	代码	指标值
甲	乙	丙	1
废气铅产生量	千克	37	
废气铅排放量	千克	38	
废气镉产生量	千克	39	
废气镉排放量	千克	40	
废气铬产生量	千克	41	
废气铬排放量	千克	42	
废气汞产生量	千克	43	
废气汞排放量		44	

废气污染物排放量：指 2017 年度普查对象在生产过程中排入大气的废气污染物的质量，包括有组织和无组织排放量。废气重金属排放量指排入大气的砷、铅、镉、铬、汞及其化合物的总质量（以元素计）

单位负责人： 统计负责人（审核人）： 填表人： 报出日期：2 0 年 月 日

说明：1. 本表由辖区内有废气污染物产生与排放的工业企业填报；

2. 尚未领取统一社会信用代码的填写原组织机构代码号；

3. 普查对象若填报 G103-1 至 G103-12 中的一张或多张表后，仍有未包含的废气排污环节，须将未包含的废气情况填报在本表；或普查对象无 G103-1 至 G103-12 所涉及的排污环节、但有废气排放的，须填报本表；

4. 指标 02、04、06、08、10、12 的计量单位按照附录（四）工业行业污染核算用主要产品、原料、生产工艺分类目录填报；

5. 厂内移动源仅填报厂内自用，未在交管部门登记的机动车和机械；

6. 产生量、排放量保留 3 位小数。

5.1.13 工业企业一般工业固体废物产生与处理利用信息

指在工业生产活动中产生的除危险废物以外的丧失原有利用价值或者虽未丧失利用价值但被抛弃或者放弃的、固态、半固态和置于容器中的气态的物品、物质以及法律、行政法规规定纳入固体废物管理的物品、物质

工业企业一般工业固体废物产生与处理利用信息

表　　号：G104－1表
制定机关：国务院第二次全国污染源普查领导小组办公室
批准机关：国家统计局
批准文号：
有效期至：

统一社会信用代码：□□□□□□□□□□□□□□□□□□（□□）
组织机构代码：□□□□□□□□□（□□）
单位详细名称（盖章）：　　　　2017年

根据四、指标解释对应的解释中所列表的名称、代码填写

指标名称	计量单位	代码	指标值	
			固体废物1	固体废物2
甲	乙	丙	1	2
一般工业固体废物名称	—	01		
一般工业固体废物代码	—	02		
一般工业固体废物产生量	吨	03		
一般工业固体废物综合利用量	吨	04		
其中：自行综合利用量	吨	05		
其中：综合利用往年贮存量	吨	06		
一般工业固体废物处置量	吨	07		
其中：自行处置量	吨	08		
其中：处置往年贮存量	吨	09		
一般工业固体废物贮存量	吨	10		
一般工业固体废物倾倒丢弃量	吨	11		
一般工业固体废物贮存处置场情况				
一般工业固体废物贮存处置场类型	—	12	□　1 灰场　2 渣场　3 矸石场　4 尾矿库　5 其他	
贮存处置场详细地址	—	13	______县(区、市、旗)______乡(镇) ______街(村)、门牌号	
贮存处置场地理坐标	—	14	经度：___度___分___秒　纬度：___度___分___秒	
处置场设计容量	立方米	15		
处置场已填容量	立方米	16		
处置场设计处置能力	吨/年	17		
尾矿库环境风险等级（仅尾矿库填报）	—	18		
尾矿库环境风险等级划定年份	—	19	□□□□年	
一般工业固体废物综合利用设施情况				
综合利用方式	—	20	□　1 金属材料回收　2 非金属材料回收 3 能量回收　4 其他方式	
综合利用能力	吨	21		
本年实际综合利用量	吨	22		

单位负责人：　　统计负责人（审核人）：　　填表人：　　报出日期：20　年　月　日

第一部分以固体废物为基础填报

指2017年度普查对象通过回收、加工、循环、交换等方式，从固体废物中提取或者使其转化为可以利用的资源、能源和其他原材料的固体废物量（包括当年利用的往年工业固体废物累计贮存量），如用作农业肥料、生产建筑材料、筑路等。包括本单位综合利用或委托给外单位综合利用的量

指普查对象在2017年度利用自建综合利用设施或生产工艺自行综合利用一般工业固体废物的量

指普查对象在2017年度对往年贮存的工业固体废物进行综合利用的量。原则上，普查对象实际综合利用、处置量之和超过产生量时，方考虑综合利用、处置往年贮存量

第二部分填报本单位废物贮存处置场情况

指将一般工业固体废物置于符合《一般工业固体废物贮存、处置场污染控制标准》（GB18599—2001）标准规定的永久性的集中堆放场所。如用于接纳粉煤灰、钢渣、煤矸石、尾矿等固体废物的灰场、渣场、矸石场、尾矿库等。不包括临时性的堆放，按归属填报，虽不在厂区内，但属于该企业的，仍填报在该企业报表中

第三部分填报本单位综合利用设施情况

指在计划期内，企业（或某生产线）参与废物综合利用的全部设备和构筑物，在既定的组织技术条件下，所能加工利用的废物的量。普查对象按设施设计的综合利用（或处理）能力填报

说明：1. 本表由辖区内有一般工业固体废物产生的工业企业填报；
2. 尚未领取统一社会信用代码的填写原组织机构代码号；
3. 如需填报的固体废物种类数量超过2个，一般工业固体废物贮存处置场超过1个，可自行复印表格填报；
4. 一般工业固体废物名称及代码：SW01. 冶炼废渣，SW02. 粉煤灰　SW03. 炉渣，SW04. 煤矸石，SW05. 尾矿，SW06. 脱硫石膏，SW07. 污泥，SW09. 赤泥，SW10. 磷石膏，SW99. 其他废物；
5. 若一般工业固体废物贮存处置场类型为4. 尾矿库，需要填写18、19两项指标；
6. 审核关系：03=04-06+07-09+10+11，15≥16。

质控要求—《工业企业一般工业固体废物产生与处理利用信息》(G104-1 表)

代码	审核规则
01	必填
02	必填
03	必填。03=04−06+07−09+10+11
04	必填。03=04−06+07−09+10+11
05	必填
06	必填。03=04−06+07−09+10+11
07	必填。03=04−06+07−09+10+11
08	必填
09	必填。03=04−06+07−09+10+11
10	必填。03=04−06+07−09+10+11
11	必填。03=04−06+07−09+10+11
12	指标 08 的非 0 的，12～17 必填
13	指标 12 填写则必填；与国家统计局区划代码保持一致
14	指标 12 填写则必填
15	指标 12 填写则必填。15≥16
16	指标 12 填写则必填。15≥16
17	指标 12 填写则必填
18	指标 12 选 4 时必填
19	指标 12 选 4 时必填
21	指标 20 填写则必填
22	指标 20 填写则必填

5.1.14 工业企业危险废物产生与处理利用信息

指2017年度普查对象涉及的列入国家危险废物名录或者根据国家规定的危险废物 鉴别标准和鉴别方法认定的，具有爆炸性、易燃性、反应性、毒性、腐蚀性、易传染性疾病等危险特性之一的废物（医疗废物属于危险废物）。按《国家危险废物名录》（2016版）填报

工业企业危险废物产生与处理利用信息

表　　号：G104－2表

制定机关：国务院第二次全国污染源普查领导小组办公室

批准机关：国家统计局

批准文号：

有效期至：

统一社会信用代码：□□□□□□□□□□□□□□□□□□（□□）

组织机构代码：□□□□□□□□□（□□）

单位详细名称(盖章)：　　　　2017年

第一部分以危险废物为基础填报

指标名称	计量单位	代码	指标值	
			危险废物1	危险废物2
甲	乙	丙	1	2
危险废物名称	—			
危险废物代码	—			
危险废物产生量	吨			
送持证单位量	吨			
接收外来危险废物量	吨			
自行综合利用量	吨			
自行处置量	吨			
自行贮存量	吨	08		
综合利用处置往年贮存量	吨	09		
危险废物倾倒丢弃量	吨	10		
危险废物自行填埋处置情况				
填埋场详细地址	—	11	______县(区、市、旗)______乡(镇) ______街(村)、门牌号	
填埋场地理坐标	—	12	经度：___度___分___秒 纬度：___度___分___秒	
设计容量	立方米	13		
已填容量	立方米	14		
设计处置能力	吨/年	15		
本年实际填埋处置量	吨	16		
危险废物自行焚烧处置情况				
焚烧装置的具体位置	—	17	______县(区、市、旗)______乡(镇) ______街(村)、门牌号	
焚烧装置的地理坐标	—	18	经度：___度___分___秒 纬度：___度___分___秒	
设施数量	台	19		
设计焚烧处置能力	吨/年	20		
本年实际焚烧处置量	吨	21		
危险废物综合利用/处置情况（自行填埋、焚烧处置的除外）				
危险废物自行综合利用/处置方式	—	22		
危险废物自行综合利用/处置能力	吨/年	23		
本年实际综合利用/处置量	吨	24		

指2017年度普查对象涉及的列入国家危险废物名录或者根据国家规定的危险废物鉴别标准和鉴别方法认定的，具有爆炸性、易燃性、易氧化性、毒性、腐蚀性、易传染性疾病等危险特性之一的废物（医疗废物属于危险废物）及相应代码。按《国家危险废物名录》（2016版）填报。

指2017年全年普查对象实际产生的危险废物的量。包括利用处置危险废物过程中二次产生的危险废物的量

指2017年度普查对象将所产生的危险废物运往持有危险废物经营许可证的单位综合利用、进行处置或贮存的量。危险废物经营许可证根据《危险废物经营许可证管理办法》由相应管理部门审批颁发

指普查对象为持有危险废物经营许可证的工业企业（不含危险废物集中式污染治理设施），2017年接收的来自外单位的危险废物的量

调查单位自行利用、处置、贮存的，包括接收的危险废物，不包括送外单位的危险废物

单位负责人：　　统计负责人（审核人）：　　填表人：　　报出日期：20　年　月　日

说明：1. 本表由辖区内有危险废物产生的工业企业填报；

2. 尚未领取统一社会信用代码的填写原组织机构代码号；

3. 如需填报的危险废物种类数量超过2个，可自行复印表格填报；

4. 审核关系：03-04+05=06+07+08-09+10，06+07=16+21+24，13≥14。

质控要求—《工业企业危险废物产生与处理利用信息》(G104-2 表)

代码	审核规则
01	必填
02	必填
03	必填。03+04−05+06=07+08+09+11
04	必填。03+04−05+06=07+08+09+11
05	必填。03+04−05+06=07+08+09+11
06	必填。03+04−05+06=07+08+09+11
07	必填。03+04−05+06=07+08+09+11
08	必填。03+04−05+06=07+08+09+11
09	必填。03+04−05+06=07+08+09+11
10	必填。03+04−05+06=07+08+09+11
11	必填。3+04−05+06=07+08+09+11，非零提示
12	若填写则与国家统计局区划代码保持一致
13	填报指标 12 的必填。度分秒
14	填报指标 12 的必填。14≥15
15	填报指标 12 的必填
16	填报指标 12 的必填
17	填报指标 12 的必填
18	若填写则与国家统计局区划代码保持一致
19	填报指标 18 的必填。度分秒
20	填报指标 18 的必填
21	填报指标 18 的必填
22	填报指标 18 的必填
23	填报指标 07 的，必填
24	填报指标 23 的，必填
25	填报指标 23 的，必填

5.1.15 工业企业突发环境事件风险信息

工业企业突发环境事件风险信息

表　　号：G105表
制定机关：国务院第二次全国污染源普查领导小组办公室
批准机关：国家统计局
批准文号：
有效期至：

指涉及风险物质的活动方式，包括生产、使用、其他三类

统一社会信用代码：□□□□□□□□□□□□□□□□□□（□□）
组织机构代码：□□□□□□□□□（□□）
单位详细名称(盖章)：　　　　2017年

指标名称	计量单位	代码	指标值	
甲	乙	丙	风险物质1	风险物质2
一、突发环境事件风险物质信息	—	—	—	—
风险物质名称	—	01		
CAS号	—	02		
活动类型	—	03		
存在量	吨	04		
二、突发环境事件风险生产工艺信息	—	—	风险工艺/设备类型1	风险工艺/设备类型2
工艺类型名称	—	05		
套数	套	06		
三、环境风险防控措施信息（根据指标解释选择对应情形的指标值填写）	—	—	—	
毒性气体泄漏监控预警措施	—	07	□ 1 不涉及有毒有害气体的 2 具备有毒有害气体厂界泄漏监控预警系统 3 不具备有毒有害气体厂界泄漏监控预警系统	
截流措施情况	—	08	□ 1 截流四防措施　2 围堰排水切换措施 3 确保受污染水排入污水系统措施	
事故废水收集措施	—	09	□ 1 具有事故排水收集设施 2 确保事故水全部收集措施 3 处理收集事故水措施	
清净废水系统风险防控措施	—	10	□ 1 不涉及清净废水 2 确保清净废水排入废水处理系统措施 3 无法确保清净废水排入废水处理系统措施	
雨水排水系统风险防控措施	—	11	□ 1 确保受污染雨水排入废水系统 2 防止受污染水进入排洪沟措施	
生产废水处理系统风险防控措施	—	12	□ 1 无生产废水产生或外排； 2 废水外排（1）各类生产废水排入处理系统；（2）能够监控并将不合格废水处置；（3）设置事故水缓冲设施；（4）监控废水总排口防止不合格废水等排出 3 废水外排，不符合上述2中任意一条	
依法获取污水排入排水管网许可	—	13	□ 1 是　　2 否	
厂内危险废物环境管理	—	14	□ 1 不涉及危险废物 2 危险废物按规定贮存、运输、利用、处置	
四、突发环境事件应急预案编制信息	—	—		
是否编制突发环境事件应急预案	—	15	□	
是否进行突发环境事件应急预案备案	—	16	□	
突发环境事件应急预案备案编号	—	17		
企业环境风险等级	—	18		
企业环境风险等级划定年份	—	19	□	

为《企业突发环境事件风险分级方法》（HJ 941—2018）中附录A中相应的化学品名称和CAS号

指某风险物质在厂界内的存在量，混合或稀释的风险物质按其组分比例折算成纯物质，如存在量呈动态变化，则按年度内最大存在量计算

指普查对象是否涉及《企业突发环境事件风险分级方法》（HJ 941—2018）中表1中的风险工艺/设备类型，以及本厂相应类型工艺/设备本厂总的数量。当年停产但尚有复产能力

指普查对象是否按照环境保护行政管理部门要求编制突发环境事件应急预案

指普查对象最新的突发环境事件应急预案是否到环境保护行政管理部门进行应急预案备案及备案编号

企业自行或者委托相关技术机构按照《关于印发〈企业突发环境事件风险评估指南（试行）〉的通知》（环办〔2014〕34号）或者《企业突发环境事件风险分级方法》（HJ 941—2018）划定的环境风险等级

单位负责人：　　统计负责人（审核人）：　　填表人：　　报出日期：20　年　月　日

说明：1. 本表由辖区内生产或使用环境风险物质的工业企业填报；
2. 尚未领取统一社会信用代码的填写原组织机构代码号；
3. 涉及《企业突发环境事件风险分级方法》（HJ 941-2018）附录A中物质和以及该分级方法表1中风险工艺/设备的工业企业填报，详见指标解释；
4. 如需填报的风险物质种类、风险工艺/设备类型数量超过2个，可自行复印表格填报。

质控要求—《工业企业突发环境事件风险信息》（G105 表）

代码	审核规则
01	必填
02	与指标 1 对应
03	指标 01 填报了的，必填
04	指标 01 填报了的，必填
06	指标 05 填写则必填，且非零
07	指标 01 填报了的，必填
08	指标 01 填报了的，必填
09	指标 01 填报了的，必填
10	指标 01 填报了的，必填
11	指标 01 填报了的，必填
12	指标 01 填报了的，必填
13	指标 01 填报了的，必填
14	指标 01 填报了的，必填
15	必填
16	必填
17	指标 16 填 1 则必填
18	指标 15 或、16 填 1 则必填
19	指标 18 填写则必填

5.1.16 工业企业污染物产排污系数核算信息

对应的普查表：G102表

工业企业污染物产排污系数核算信息

表　　号：G106－1表
制定机关：国务院第二次全国污染源普查领导小组办公室
批准机关：国家统计局
批准文号：
有效期至：

统一社会信用代码：□□□□□□□□□□□□□□□□□□（□□）
组织机构代码：□□□□□□□□□（□□）
单位详细名称(盖章)：　　2017年

指标名称	代码	核算环节1	核算环节2	核算环节3	……
甲	乙	1	2	3	……
对应的普查表号	01				
对应的排放口名称/编号	02				
核算环节名称	03				
原料名称	04				
产品名称	05				
工艺名称	06				
生产规模等级	07				
生产规模的计量单位	08				
产品产量	09				
产品产量的计量单位	10				
原料/燃料用量	11				
原料/燃料用量的计量单位	12				
污染物名称	13				
污染物产污系数及计量单位	14				
污染物产污系数中参数取值	15				
污染物产生量及计量单位	16				
污染物处理工艺名称	17				
污染物去除效率/排污系数及计量单位	18				
污染治理设施实际运行参数一名称	19				
污染治理设施实际运行参数一数值	20				
污染治理设施实际运行参数一计量单位	21				
污染治理设施实际运行参数二名称	22				
污染治理设施实际运行参数二数值	23				
污染治理设施实际运行参数二计量单位	24				
污染治理设施实际运行参数三名称	25				
污染治理设施实际运行参数三数值	26				
污染治理设施实际运行参数三计量单位	27				
污染物排放量	28				
污染物排放量计量单位	29				
排污许可证执行报告排放量	30				

指该核算环节核算的污染物及其相应信息对应普查报表目录中的哪一张表

对应的排放口名称编号：与G102中的排放口对应

按照产排污系数表寻找对应组合

14、15、18暂时不需要填报，其他均需入户调查

产污系数中参数取值针对产污系数为公式的，如带有含硫量、灰分、挥发分的情况，暂时不需要填

排污许可证执行报告排放量填写经管理部门认可的2017年全年排放量

单位负责人：　　统计负责人（审核人）：　　填表人：　　报出日期：20　年　月　日

说明：采用产排污系数法计算污染物产生量、排放量的工业企业需填报此表；仅限采用产排污系数法核算的污染物指标填报此表；填写的核算环节超过4个或污染物种类超过1种的，可自行复印表格填报。

质控要求—《工业企业污染物产排污系数核算信息》(G106-1 表)

代码	审核规则
01	必填。选填 G102、103-1～G103-9、G103-13
02	必填。并与相应普查表号中排污口名称/编号对应
03	必填
04	必填。对应核算环节按照“二污普”填报助手中分类目录选择填报
05	必填。对应核算环节按照“二污普”填报助手中分类目录选择填报
06	必填。对应核算环节按照“二污普”填报助手中分类目录选择填报
07	必填。对应核算环节按照“二污普”填报助手中分类目录选择填报
08	必填。按照“二污普”填报助手中分类目录选择填报
09	必填。对应核算环节填报
10	必填。按照“二污普”填报助手中分类目录选择填报
11	必填。对应核算环节填报
12	必填。按照“二污普”填报助手中分类目录选择填报
13	必填
14	暂时留白
15	暂时留白
16	暂时留白
17	对应核算环节及指标 13 污染物选取
18	必填
19	对应核算环节及指标 13 污染物选取
20	必填
21	对应指标 19 选取
22	对应核算环节及指标 13 污染物选取
23	必填
24	对应指标 22 选取
25	对应核算环节及指标 13 污染物选取
26	必填
27	对应指标 25 选取
28	暂时留白
29	新版排污许可证

5.1.17 工业企业废水监测数据

工业企业废水监测数据

表　　号：G106－2表
制定机关：国务院第二次全国污染源普查领导小组办公室
批准机关：国家统计局
批准文号：
有效期至：

统一社会信用代码：□□□□□□□□□□□□□□□□□□（□□）
组织机构代码：□□□□□□□□□（□□）
单位详细名称(盖章)：　　2017年

指标名称	计量单位	代码	指标值	监测方式
甲	乙	丙	1	2
对应的普查表号	—	01		—
对应的排放口名称/编号	—	02		
进口水量	立方米	03		
出口水量	立方米	04		
经总排放口排放的水量	立方米	05		
化学需氧量进口浓度	毫克/升	06		
化学需氧量出口浓度	毫克/升	07		
氨氮进口浓度	毫克/升	08		□
氨氮出口浓度	毫克/升	09		□
总氮进口浓度	毫克/升	10		□
总氮出口浓度	毫克/升	11		□
总磷进口浓度	毫克/升	12		□
总磷出口浓度	毫克/升	13		□
石油类进口浓度	毫克/升	14		□
石油类出口浓度	毫克/升	15		□
挥发酚进口浓度	毫克/升	16		□
挥发酚出口浓度	毫克/升	17		□
氰化物进口浓度	毫克/升	18		□
氰化物出口浓度	毫克/升	19		□
总砷进口浓度	毫克/升	20		□
总砷出口浓度	毫克/升	21		□
总铅进口浓度	毫克/升	22		□
总铅出口浓度	毫克/升	23		□
总镉进口浓度	毫克/升	24		□
总镉出口浓度	毫克/升	25		□
总铬进口浓度	毫克/升	26		□
总铬出口浓度	毫克/升	27		□
六价铬进口浓度	毫克/升	28		□
六价铬出口浓度	毫克/升	29		□
总汞进口浓度	毫克/升	30		□
总汞出口浓度	毫克/升	31		□

治理设施进水水量（测进口浓度点位的水量可用于计算污染物产生量的）

对于车间排放口的废水，后期可能进行回用，故对于填写车间排放口监测数据的，应填写最终经总排放口排放的水量，用于计算重金属的排放量

治理设施出水水量（测出口浓度点位的水量，对于车间排放口，填写车间排放口的水量）

1.进口浓度没有的可以不填；
2.以排放口为基础，从同一排放口排放的废水，有多个进口监测数据的，填写加权均值；
3.间接排放的，要考虑污水处理厂的去除（能够支撑前面排放量的核算）

单位负责人：　　统计负责人（审核人）：　　填表人：　　报出日期：20　年　月　日

说明：1. 有符合核算污染物产生、排放量监测数据的企业填报本表，每个排放口监测点位填写1张表；如需填报的排放口监测点位数量超过1个，可自行复印表格填报；
2. 尚未领取统一社会信用代码的填写原组织机构代码号；
3. 污染物浓度按年平均浓度填报，并按监测方法对应的有效数字填报；
4. 监测方式：指获取监测数据的监测活动方式。按1. 在线监测，2. 企业自测（手工），3. 委托监测，4. 监督监测，将代码填入表格内；
5. 监测结果为未检出的填“0”。

质控要求—《工业企业废水监测数据》(G106-2 表)

代码	审核规则
01	填 G102
02	必填。并与 G102 表排污口名称/编号（17/16 指标）对应
07	根据是否排入污水处理厂填写
09	根据是否排入污水处理厂填写
13	根据是否排入污水处理厂填写
15	根据是否排入污水处理厂填写
17	根据是否排入污水处理厂填写
19	根据是否排入污水处理厂填写
21	根据是否排入污水处理厂填写
23	根据是否排入污水处理厂填写
25	根据是否排入污水处理厂填写
27	根据是否排入污水处理厂填写
29	根据是否排入污水处理厂填写
31	根据是否排入污水处理厂填写

5.1.18 工业企业废气监测数据

1.仅填写自动监测数据结果，无自动监测数据的不需要填报；
2.非全年均有自动监测数据的，不需要填报；
3.一个炉窑多个排放口，不是都有自动监测数据的，不需要填报都有自动监测的，均填写，对应的排放口名称写同一个；
4.多个炉窑对应一个排放口的（如有色冶炼环保烟尘），指标02将多个炉窑名称及编号都填写进去，从而便于排放量的拆分

工业企业废气监测数据

表　号：G106－3表
制定机关：国务院第二次全国污染源普查领导小组办公室
批准机关：国家统计局
批准文号：
有效期至：

统一社会信用代码：□□□□□□□□□□□□□□□□□□（□□）
组织机构代码：□□□□□□□□□（□□）
单位详细名称(盖章)：　　　　2017年

指标名称	计量单位	代码	指标值
甲	乙	丙	1
对应的普查表号	—	01	
对应的排放口名称/编号	—	02	
平均流量	立方米/小时	03	
年排放时间	小时	04	
二氧化硫进口浓度	毫克/立方米	05	
二氧化硫出口浓度	毫克/立方米	06	
氮氧化物进口浓度	毫克/立方米	07	
氮氧化物出口浓度	毫克/立方米	08	
颗粒物进口浓度	毫克/立方米	09	
颗粒物出口浓度	毫克/立方米	10	
挥发性有机物进口浓度	毫克/立方米	11	
挥发性有机物出口浓度	毫克/立方米	12	
氨进口浓度	毫克/立方米	13	
氨出口浓度	毫克/立方米	14	
砷及其化合物进口浓度	毫克/立方米	15	
砷及其化合物出口浓度	毫克/立方米	16	
铅及其化合物进口浓度	毫克/立方米	17	
铅及其化合物出口浓度	毫克/立方米	18	
镉及其化合物进口浓度	毫克/立方米	19	
镉及其化合物出口浓度	毫克/立方米	20	
铬及其化合物进口浓度	毫克/立方米	21	
铬及其化合物出口浓度	毫克/立方米	22	
汞及其化合物进口浓度	毫克/立方米	23	
汞及其化合物出口浓度	毫克/立方米	24	

按所有有效监测数据的废气平均流量。计量单位为m^3/h，保留整数

指废气排放的实际小时数。保留整数

指所有有效监测结果实测浓度的小时平均值。计量单位为mg/m^3，有效数字按监测方法所对应的实际有效数字填报。同一排放口监测点位对应多个进口监测点位的，进口监测数据用多个监测点位监测数据的加权均值

单位负责人：　　统计负责人（审核人）：　　填表人：　　报出日期：20　年　月　日

说明：1. 仅限有自动监测数据的企业填报本表，每个排放口监测点位填写1张表；如需填报的排放口监测点位数量超过1个，可自行复印表格填报；
2. 尚未领取统一社会信用代码的填写原组织机构代码号；
3. 污染物浓度按年平均浓度填报，并按监测方法对应的有效数字填报；
4. 挥发性有机物可用非甲烷总烃等可以表征挥发性有机物的监测指标代替；
5. 监测结果为未检出的填“0”。

质控要求—《工业企业废气监测数据》(G106-3 表)

代码	审核规则	数据格式
01	必填。填 103-1～G103-9、G103-13	
02	必填。并与相应普查表号中排污口名称/编号对应	
03	必填	保留整数
04	必填	保留整数

后期举行专门培训班

伴生放射性矿产企业含放射性固体物料及废物情况

表　　号：　　G107表
制定机关：　　国务院第二次全国污染源普查领导小组办公室
批准机关：　　国家统计局
批准文号：
有效期至：

统一社会信用代码：□□□□□□□□□□□□□□□□□□□□□（□□）
组织机构代码：□□□□□□□□□□（□□）
填报单位详细名称（盖章）：
曾用名：　　　　　　　　　　　　　　2017年

不同于常规污染源企业，需调查统计关闭企业，由国务院第二次全国污染源普查工作领导小组办公室下发关闭企业信息

指标名称	计量单位	代码	指标值	
甲	乙	丙	1	2
企业运行状态	—	01	□ 1 运行　2 停产　3 关闭	—
含放射性固体物料				
原矿				
原矿名称/代码				
原矿产生量	吨	03		
精矿	—	—	精矿 1	精矿 2
精矿名称/代码	—	04		
精矿产生量	吨	05		
含放射性固体废物	—	—	—	—
固体废物名称/代码	—	06		
固体废物产生量	吨	07		
固体废物综合利用量	吨	08		
其中：内部综合利用量	吨	09		
送外部综合利用量	吨	10		
接收外来固体废物综合利用量	吨	11		
固体废物处理处置方式名称/代码	—	12		
固体废物处理处置量	吨	13		
其中：固体废物内部处理处置量	吨	14		
固体废物送外部处理处置量	吨	15		
接收外来固体废物处理处置量	吨	16		
固体废物累计贮存量	吨	17		

1.采矿企业：主要为原矿；选矿企业、采选联合企业和采选冶联合企业：主要为原矿、精矿；
2.冶炼企业：不填写此项；
3.其他类型企业如仅对矿物原料物理加工（破碎、粉磨等）的企业，填写为原矿

2017年度或近年的年平均产生量，2017年的年平均产生量填写近三年平均产生量即可

原矿、精矿名称及代码从四、"指标解释"及填报注意事项中表1中选取填写

范围：伴生放射性矿普查企业达到详查标准的固体废物，填报：企业应根据各省（自治区、直辖市）辐射监测机构提供的筛选结果，对放射性指标达到筛选条件的固体废物进行填报

单位负责人：　　　统计负责人（审核人）：　　　填表人：　　　报出日期：20　年　月　日

说明：1. 本表由达到伴生放射性矿普查详查标准的企业填报；
2. 尚未领取统一社会信用代码的填写原组织机构代码号；
3. 涉及的含放射性固体物料、固体废物种类超过 2 种，可自行复印表格填报。

园区名称及代码指经由国家或省级人民政府正式批复的名称和代码。省级批复但不在国家2018版目录中的园区也要填报G08表

园区环境管理信息

表　　号：G108表
制定机关：国务院第二次全国污染源普查领导小组办公室
批准机关：国家统计局
批准文号：
2017年　有效期至：

01. 园区名称	中国开发区审核公告目录（2018年版）
02. 园区代码	
03. 区划代码	□□□□□□
04. 详细地址	____省(自治区、直辖市) ____地(区、市、州、盟) ____县(区、市、旗) ____乡(镇)
05. 联系方式	联系人：　电话号码：
06. 园区边界拐点坐标	拐点 1：经度：___度___分___秒　纬度：___度___分___秒 拐点 2：经度：___度___分___秒　纬度：___度___分___秒 …… 拐点 N：经度：___度___分___秒　纬度：___度___分___秒
07. 园区级别	□　1 国家级　2 省级
08. 园区类型	行业类：化工□ 纺织印染□ 电镀工业□ 冶金工业□ 制药□ 制革□ 其他□ 综合类：经济技术开发区□ 高新技术产业开发区□ 海关特殊监管区□ 边境/跨境经济合作区□ 其他类型开发区□
09. 批准面积	____公顷
10. 批准部门	
11. 批准时间	□□□□年□□月
12. 企业数量	注册工业企业数量：____家　园区内实际生产的企业数量：____家
13. 主导行业及占比	行业名称：　代码□□□　产值占比： 行业名称：　代码□□□　产值占比： 行业名称：　代码□□□　产值占比：
14. 是否清污分流	□　1 是（选择“是”填第 15 项、第 16 项）　2 否（选择“否”只填第 16 项）
15. 清水系统排水去向	排水去向类型： 受纳水体名称：　受纳水体代码：
16. 污水系统排水去向	排水去向类型： 受纳水体名称：　受纳水体代码：
17. 有无集中生活污水处理厂	□　1 有（选择“有”则须填 18 项）　2 无
18. 集中式生活污水处理厂	名称： 统一社会信用代码：□□□□□□□□□□□□□□□□□□（□□） 尚未领取统一社会信用代码的填写原组织机构代码号：□□□□□□□□□（□□）
19. 有无集中工业污水处理厂	□　1 有（选择“有”则须填 20 项）　2 无
20. 集中工业污水处理厂	名称： 统一社会信用代码：□□□□□□□□□□□□□□□□□□（□□） 尚未领取统一社会信用代码的填写原组织机构代码号：□□□□□□□□□（□□） 接入的工业企业数量：____家
21. 有无集中危险废物处置厂	□　1 有（选择“有”则须填第 22 项）　2 无
22. 集中危险废物处置厂	名称： 统一社会信用代码：□□□□□□□□□□□□□□□□□□（□□） 尚未领取统一社会信用代码的填写原组织机构代码号：□□□□□□□□□（□□）

如果园区边界不是直线，有多个拐点，则每个拐点的经纬度都要填写

根据批复的类型勾选，每个园区只能选一个，或行业类中选一个，或综合类中选一个

按《国民经济行业分类》（GB/T 4754—2017）分类填写主导行业的中类名称和代码，中类行业代码为3位数字

指园区是否对园区内产生的污水与清下水分别进行了收集处理。清水系统、污水系统还需分别填写排水去向类型代码、受纳水体名称以及受纳水体代码

园区所填的污水处理厂等要与集中式污染治理设施普查表中的名称和代码一致

续表

23. 有无集中供热设施	□ 1 有（选择“有”则须填第 24 项） 2 无			
24. 集中供热单位	名称： 统一社会信用代码：□□□□□□□□□□□□□□□□□□□□（□□） 尚未领取统一社会信用代码的填写原组织机构代码号：□□□□□□□□□（□□） 使用集中供热的企业数量：＿＿＿＿＿家			
25. 园区环境管理机构名称				
26. 一企一档建设	□ 1 有 2 无	指园区内的企业是否建立了“一企一档”制度		
27. 大气环境自动监测站点（可多选）	有□	数量： 监测项目：二氧化硫□ 氮氧化物□ 颗粒物□ 其他□	是否联网	是□ 否□
	无□	手工监测频次： 监测项目：二氧化硫□ 氮氧化物□ 颗粒物□ 其他□		
28. 水环境自动监测站点（可多选）	有□	数量： 监测项目：化学需氧量□ 氨氮□ 总磷□ 石油类□ 其他□	是否联网	是□ 否□
	无□	手工监测频次： 监测项目：化学需氧量□ 氨氮□ 总磷□ 石油类□ 其他□		
29. 编制园区应急预案	□ 1 有 2 无			
30. 污染源信息公开平台	□ 1 有 2 无			

单位负责人：　　统计负责人（审核人）：　　填表人：　　报出日期：2 0　年　月　日

说明：1. 本表由园区管理部门填报；

2. 园区涉及两个及以上县（市、区）时，填写开发区所在的地级市的区划代码和详细地址；

3. 按《国民经济行业分类》(GB/T 4754—2017) 分类填写主导行业的中类名称和代码，中类行业代码为 3 位数字；

4. 填报单位需另附注册登记在园区内的全部工业企业清单，清单内容包括企业名称、统一社会信用代码或组织机构代码、生产地点是否位于园区内等信息。

5.2　其他源填报手册

5.2.1　集中式污染治理设施普查表填报手册

第二次全国污染源普查工作普查表
集中式污染治理设施普查表

填
报
手
册

集中式污染治理设施普查表目录

表号	表名	填报单位/统计范围
普查基层表式		
J101-1表	集中式污水处理厂基本情况	辖区内城镇污水处理厂，工业污水集中处理厂，农村集中式污水处理设施填报
J101-2表	集中式污水处理厂运行情况	同上
J101-3表	集中式污水处理厂污水监测数据	同上
J102-1表	生活垃圾集中处置场（厂）基本情况	辖区内生活垃圾填埋场、生活垃圾焚烧厂以及其他处理方式集中处理生活垃圾和餐厨垃圾的单位填报
J102-2表	生活垃圾集中处置场（厂）运行情况	同上
J103-1表	危险废物集中处置厂基本情况	辖区内危险废物集中处理处置厂、医疗废物集中处理处置厂填报
J103-2表	危险废物集中处置厂运行情况	同上
J104-1表	生活垃圾/危险废物集中处置厂（场）废水监测数据	辖区内生活垃圾集中处理处置设施和危险废物集中处理处置厂、医疗废物集中处理处置厂填报
J104-2表	生活垃圾/危险废物集中处置厂（场）焚烧废气监测数据	同上
J104-3表	生活垃圾/危险废物集中处置厂（场）污染物排放量	同上

集中式污水处理厂基本情况

表　　号：　J101-1表
制定机关：　国务院第二次全国污染源普查领导小组办公室
批准机关：　国家统计局
批准文号：
2017年　　有效期至：

01. 统一社会信用代码	□□□□□□□□□□□□□□□□□□（□□） 尚未领取统一社会信用代码的填写原组织机构代码号：□□□□□□□□□（□□）
02. 单位详细名称	
03. 运营单位名称	
04. 法定代表人	
05. 区划代码	□□□□□□□□□□□□
06. 详细地址	________省（自治区、直辖市）________地（区、市、州、盟） ________县（区、市、旗）________乡（镇） ________街（村）、门牌号
07. 企业地理坐标	经度：____度____分____秒　纬度：____度____分____秒
08. 联系方式	联系人：　　电话号码：
09. 污水处理设施类型	□ 1 城镇污水处理厂　2 工业污水集中处理厂 3 农村集中式污水处理设施　4 其他污水处理设施
10. 建成时间	□□□□年□□月
11. 污水处理方法（1） 污水处理方法（2） 污水处理方法（3）	名称： 名称： 名称：
12. 排水去向类型	□
13. 排水进入环境的地理坐标	经度：____度____分____秒　纬度：____度____分____秒
14. 受纳水体	名称：　　代码：
15. 是否安装在线监测（未安装不填）	进口（多选）□ □ □ □ □ □ 1 流量　2 化学需氧量　3 氨氮　4 总氮　5 总磷　6 重金属 出口（多选）□ □ □ □ □ □ 1 流量　2 化学需氧量　3 氨氮　4 总氮　5 总磷　6 重金属
16. 有无再生水处理工艺	□　1 有　2 无（选择"有"，须填报 J101-2 表第 06-09 项指标）
17. 污泥稳定化处理（自建） 其中：污泥厌氧消化装置	□　1 有　2 无 □　1 有　2 无（选择"有"，须填报 J101-2 表第 11、12 指标）
18. 污泥稳定化处理方法	□ 1 一级厌氧　2 二级厌氧　3 好氧消化　4 堆肥　5 其他
19. 厂区内是否有锅炉	□　1 有　2 无 （选择"有"，须按照非工业企业单位锅炉污染及防治情况 S103 表填报锅炉信息）

单位负责人：　　统计负责人（审核人）：　　填表人：　　报出日期：20　年　月　日

说明：1.本表由辖区内城镇污水处理厂，工业污水集中处理厂，农村集中式污水处理设施填报；

2.排水去向类型为A、B、F、G、K中任何一种，须填写指标13和14，其他排水去向类型的不填指标13和14；

3.再生水处理工艺指为满足再生水使用要求而建设的深度处理工艺，一般指在二级处理后再增加的处理工艺。

注释：

- （01）若无组织机构代码则由普查员按照普查对象识别码编码规则顺次编码
- （02）单位无具体名称，则采用详细地址+企业类型填写，如：××市(州、盟)××县(区、市、旗)××乡(镇)××街(村)农村污水处理站
- （09-3）通过管道或沟渠收集乡、村生活污水并集中统一进行处理的污水处理设施或污水处理厂；设计处理能力不小于10t/d
- （09-1）对进入城镇污水收集系统的污水进行净化处理的污水处理厂
- （09-2）不包括企业自建自用的污水处理厂
- （09-4）指不能纳入城市污水收集系统的居民区、风景名胜区、度假村、疗养院、机场、铁路、车站以及其他人群聚集地排放的污水进行就地集中处理的设施
- （12）排水去向类型选择A、B、F、G、K的污水厂填写，选择其他类型的不填
- （11）如同一家污水处理厂有两条不同工艺的污水处理线，则分别进行填报。一期是AO工艺，二期是A^2O，则污水处理方法（1）名称为AO工艺，代码为4110（2）名称为A^2O工艺，代码为4120。如一污水处理厂处理工艺为A^2O，因出水悬浮物（SS）浓度不能满足排放标准，在A^2O出水后又增加过滤工艺去除悬浮物，则污水处理方法（1）名称为A^2O工艺，代码为4120（2）名称为过滤工艺，代码为1100
- （13）指排水出厂界后最终进入环境处（水体、农田或土地等）的经纬度
- （17）如果污泥稳定化处理（自建）选择无，则污染厌氧消化装置不需填写

若无统一社会信用代码则填组织机构代码，若无组织机构代码，则由普查员按普查对象识别编码规则顺次填写

集中式污水处理厂运行情况

表　　号：　J101-2表
制定机关：　国务院第二次全国污染源普查领导小组办公室
批准机关：　国家统计局
批准文号：
有效期至：

统一社会信用代码：□□□□□□□□□□□□□□□□□□（□□）
组织机构代码：□□□□□□□□□（□□）
单位详细名称(盖章)：
运营单位名称：　　2017年

指标名称	计量单位	代码	指标值
甲	乙	丙	1
年运行天数	天	01	
用电量	万千瓦时	02	
设计污水处理能力	立方米/日	03	
污水实际处理量	万立方米	04	
其中：处理的生活污水量	万立方米	05	
再生水量	万立方米	06	
其中：工业用水量	万立方米	07	
市政用水量	万立方米	08	
景观用水量	万立方米	09	
干污泥产生量	吨	10	
污泥厌氧消化装置产气量（有厌氧装置的填写）	立方米	11	
污泥厌氧消化装置产气利用方式	—	12	□ 1 供热　2 发电　3 其他
干污泥处置量	吨	13	
自行处置量	吨	14	
其中：土地利用量	吨	15	
填埋处置量	吨	16	
建筑材料利用量	吨	17	
焚烧处置量	吨	18	
送外单位处置量	吨	19	

指普查对象2017年全年正常运行的实际天数

指普查对象2017年全年实际处理的污水总量

如普查单位不能判断处理水量中的生活污水量，可按设计建设时估计的生活污水占比进行折算

干泥量 ＝湿污泥产生量×（1−n%）其中：n%为湿污泥的含水率

单位负责人：　　统计负责人（审核人）：　　填表人：　　报出日期：　20　年　月　日

说明：1. 本表由辖区内城镇污水处理厂，工业污水集中处理厂，农村集中式污水处理设施填报；
2. 尚未领取统一社会信用代码的填写原组织机构代码号；
3. 污水实际处理量中如无法确定处理的生活污水量，则按污水处理厂设计建设时生活污水所占比例折算；
4. 审核关系：04≥05，06≥07+08+09，10≥13，13=14+19，14=15+16+17+18。

有多个污水排放口，每个排放口填一张表

集中式污水处理厂污水监测数据

若无统一社会信用代码则填组织机构代码，若无组织机构代码，则由普查员按普查对象识别编码规则顺次填写

表　　号：J101-3表
制定机关：国务院第二次全国污染源普查领导小组办公室
批准机关：国家统计局
批准文号：
有效期至：

统一社会信用代码：□□□□□□□□□□□□□□□□□□（□□）
组织机构代码：□□□□□□□□□（□□）
单位详细名称(盖章)：
废水排放口编号：□□□□□　　2017年

1.在线监测，2.企业自测（手工），3.委托监测，4.监督监测，将代码填入表格内

如所有排放口都对应同1个进水口，则只在1号排放口普查表中填写进水浓度，其他排放口表不再填写

第1位：D。
第2位：用英文字母A表示空气，W表示水。第3-6位：全单位统一的排污口流水顺序码，使用3位阿拉伯数字，如污水排放口：DW001；废气排放口：DA001

指标名称	计量单位	代码	监测方式	年平均值	最大月均值	最小月均值
甲	乙	丙	1	2	3	4
排水流量	立方米/时	01	□			
化学需氧量进口浓度	毫克/升	02	□			
化学需氧量排口浓度	毫克/升	03	□			
生化需氧量进口浓度	毫克/升	04	□			
生化需氧量排口浓度	毫克/升	05	□			
动植物油进口浓度	毫克/升	06	□			
动植物油排口浓度	毫克/升	07	□			
总氮进口浓度	毫克/升	08	□			
总氮排口浓度	毫克/升	09	□			
氨氮进口浓度	毫克/升	10	□			
氨氮排口浓度	毫克/升	11	□			
总磷进口浓度	毫克/升	12	□			
总磷排口浓度	毫克/升	13	□			
挥发酚进口浓度	毫克/升	14	□			
挥发酚排口浓度	毫克/升	15	□			
氰化物进口浓度	毫克/升	16	□			
氰化物排口浓度	毫克/升	17	□			
总砷进口浓度	毫克/升	18	□			
总砷排口浓度	毫克/升	19	□			
总铅进口浓度	毫克/升	20	□			
总铅排口浓度	毫克/升	21	□			
总镉进口浓度	毫克/升	22	□			
总镉排口浓度	毫克/升	23	□			
总铬进口浓度	毫克/升	24	□			
总铬排口浓度	毫克/升	25	□			
六价铬进口浓度	毫克/升	26	□			
六价铬排口浓度	毫克/升	27	□			
总汞进口浓度	毫克/升	28	□			
总汞排口浓度	毫克/升	29	□			

单位负责人：　　统计负责人（审核人）：　　填表人：　　报出日期：　20　年　月　日

说明：1. 本表由辖区内城镇污水处理厂，工业污水集中处理厂，农村集中式污水处理设施填报；
2. 尚未领取统一社会信用代码的填写原组织机构代码号；
3. 采用监测数据计算污染物排放量的单位须填报本表；如果部分项目监测，只填报监测项目，未监测的项目不填；
4. 普查对象若有多个排放口，则按不同排放口分别填报，排放口编号的编制方法见指标解释；如所有排放口都对应同 1 个进水口，则只在 1 号排放口普查表中填写进水浓度，其他排放口表不再填写；
5. 污染物浓度按监测方法对应的有效数字填报；
6. 监测方式：指获取监测数据的监测活动方式，按 1. 在线监测、2. 企业自测（手工）、3. 委托监测、4. 监督监测，将代码填入表格内。

生活垃圾集中处置场（厂）基本情况

表　　号：J102-1表
制定机关：国务院第二次全国污染源普查领导小组办公室
批准机关：国家统计局
批准文号：
2017年　有效期至：

（无组织机构代码则由普查员按普查对象识别编码规则顺次填写）

<table>
<tr><td colspan="2">01. 统一社会信用代码</td><td colspan="2">□□□□□□□□□□□□□□□□□□（□□）
尚未领取统一社会信用代码的填写原组织机构代码号：□□□□□□□□□（□□）</td></tr>
<tr><td colspan="2">02. 单位详细名称</td><td colspan="2"></td></tr>
<tr><td colspan="2">03. 法定代表人</td><td colspan="2"></td></tr>
<tr><td colspan="2">04. 区划代码</td><td colspan="2">□□□□□□□□□□□□</td></tr>
<tr><td colspan="2">05. 详细地址</td><td colspan="2">______省(自治区、直辖市)______地(区、市、州、盟)
______县(区、市、旗)______乡(镇)
______街(村)、门牌号</td></tr>
<tr><td colspan="2">06. 企业地理坐标</td><td colspan="2">经度：____度____分____秒　纬度：____度____分____秒</td></tr>
<tr><td colspan="2">07. 联系方式</td><td colspan="2">联系人：　电话号码：</td></tr>
<tr><td colspan="2">08. 建成时间</td><td colspan="2">□□□□年□□月</td></tr>
<tr><td colspan="2">09. 垃圾处理厂类型</td><td colspan="2">□　1 生活垃圾处理厂　2 （单独）餐厨垃圾集中处理厂</td></tr>
<tr><td colspan="2">10. 垃圾处理方式</td><td colspan="2">□ □ □ □ □ □ □ （可多选）
1 填埋　2 焚烧　3 焚烧发电　4 堆肥
5 厌氧发酵　6 生物分解　7 其他方式
（焚烧和焚烧发电，一家企业只能选填一项）</td></tr>
<tr><td colspan="2">11. 垃圾填埋场水平防渗</td><td colspan="2">□　1 有　2 无</td></tr>
<tr><td colspan="2">12. 排水去向类型</td><td colspan="2">□</td></tr>
<tr><td colspan="2">13. 受纳水体</td><td colspan="2">名称：　代码：</td></tr>
<tr><td colspan="2">14. 排水进入环境的地理坐标</td><td colspan="2">经度：____度____分____秒　纬度：____度____分____秒</td></tr>
<tr><td rowspan="4">15. 焚烧废气排放口</td><td>排放口编号</td><td>排放口一　□□□□□</td><td>排放口二　□□□□□</td></tr>
<tr><td>排放口地理坐标</td><td>经度：____度____分____秒
纬度：____度____分____秒</td><td>经度：____度____分____秒
纬度：____度____分____秒</td></tr>
<tr><td>是否安装在线监测（多选）</td><td>□ □ □
1 二氧化硫　2 氮氧化物　3 颗粒物</td><td>□ □ □
1 二氧化硫　2 氮氧化物　3 颗粒物</td></tr>
<tr><td>烟囱高度与直径（米）</td><td>高度：
直径：</td><td>高度：
直径：</td></tr>
<tr><td colspan="2">16. 废气处理方法</td><td>焚烧炉一
除尘方法名称：　代码：□□□
脱硫方法名称：　代码：□□□
脱硝方法名称：　代码：□□□
焚烧炉二
…</td><td>焚烧炉一
除尘方法名称：　代码：□□□
脱硫方法名称：　代码：□□□
脱硝方法名称：　代码：□□□
焚烧炉二
…</td></tr>
</table>

单位负责人：　统计负责人（审核人）：　填表人：　报出日期：20　年　月　日

说明：1. 本表由辖区内生活垃圾填埋场、生活垃圾焚烧厂以及其他处理方式集中处理生活垃圾和餐厨垃圾的单位填报；
2. 排水去向类型为A、B、F、G、K中任何一种，需填写指标13和14，其他排水去向类型的不填；
3. 普查对象若有多个废气排放口，且已申领排污许可证，则按排污许可证上的排放口编号填写，未领排污许可证的，排放口编号的编制方法见指标解释；
4. 一个废气排放口如对应多个焚烧炉，且每个焚烧炉都安装了废气治理设施，则分别填写。

一个废气排放口如对应多个焚烧炉：
√如每个焚烧炉都安装了废气治理设施，则按焚烧炉一、焚烧炉二等分别填写；
√如将每个焚烧炉的烟气收集后一起处理，则只填一套废气处理方法，不再按炉填写

生活垃圾集中处置场（厂）运行情况

若无统一社会信用代码则填组织机构代码，无组织机构代码则由普查员按普查对象识别编码规则顺次填写

表　　号：J102-2表
制定机关：国务院第二次全国污染源普查领导小组办公室
批准机关：国家统计局
批准文号：
有效期至：

统一社会信用代码：□□□□□□□□□□□□□□□□□□（□□）
组织机构代码：□□□□□□□□□（□□）
单位详细名称(盖章)：
运营单位名称：　　2017年

指标名称	计量单位	代码	指标值
甲	乙	丙	1
年运行天数	天	01	
本年实际处理量	万吨	02	
一、填埋方式（有填埋方式的填报）	—	—	—
设计容量	万立方米	03	
已填容量	万吨	04	
正在填埋作业区面积	万平方米	05	
已使用粘土覆盖区面积	万平方米	06	
已使用塑料土工膜覆盖区面积	万平方米	07	
本年实际填埋量	万吨	08	
二、堆肥处置方式（有堆肥处置方式的填报）	—	—	—
设计处理能力	吨/日	09	
本年实际堆肥量	万吨	10	
渗滤液收集系统	—	11	□　1 有　2 无
三、焚烧处置方式（有焚烧方式的填报）	—	—	—
设施数量	台	12	
其中：炉排炉	台	13	
流化床	台	14	
固定床（含热解炉）	台	15	
旋转炉	台	16	
其他	台	17	
设计焚烧处理能力	吨/日	18	
本年实际焚烧处理量	万吨	19	
助燃剂使用情况	—	20	□　1 煤炭　2 燃料油　3 天然气
煤炭消耗量	吨	21	
燃料油消耗量（不含车船用）	吨	22	
天然气消耗量	万立方米	23	
废气设计处理能力	立方米/时	24	
炉渣产生量	吨	25	
炉渣处置方式	—	26	□
炉渣处置量	吨	27	
炉渣综合利用量	吨	28	
焚烧飞灰产生量	吨	29	
焚烧飞灰处置量	吨	30	
焚烧飞灰综合利用量	吨	31	
四、厌氧发酵处置方式（有餐厨垃圾处理的填报）	—	—	
设计处理能力	吨/日	32	
本年实际处置量	万吨	33	
五、生物分解处置方式（有餐厨垃圾处理的填报）	—	—	
设计处理能力	吨/日	34	

续表

指标名称	计量单位	代码	指标值
甲	乙	丙	1
本年实际处置量	万吨	35	
六、其他方式	—	—	
设计处理能力	吨/日	36	
本年实际处置量	万吨	37	
七、全场（厂）废水（含渗滤液）产生及处理情况	—	—	
废水（含渗滤液）产生量	立方米	38	
废水处理方式（如果没有计量装置可按照产污系数计算产生量）	—	39	□ 1 自行处理 （须填 40-45 项） 2 委托其他单位处理 （不填 40-45 项） 3 直接回喷至填埋场 （不填 40-45 项） 4 直接排放 （不填 40-45 项）
废水设计处理能力	立方米/日	40	
废水处理方法	—	41	名称: 代码:□□□□
废水实际处理量	立方米	42	
废水实际排放量（①排放量包括经过处理的和未经处理的；②焚烧厂渗滤液回喷至炉内烧掉的，排放量计为0）	立方米	43	
渗滤液膜浓缩液产生量	立方米	44	
渗滤液膜浓缩液处理方法	—	45	□ 1 混凝法 2 吸附法 3 芬顿试剂法 4 回流（回灌） 5 其他

单位负责人： 统计负责人（审核人）： 填表人： 报出日期： 20 年 月 日

说明：1. 本表由辖区内生活垃圾填埋场、生活垃圾焚烧厂以及其他处理方式集中处理生活垃圾和餐厨垃圾的单位填报；

2. 尚未领取统一社会信用代码的填写原组织机构代码号；

3. 废水处理方式为“委托其他单位处理”的，不填报J104-1表和J104-3表中水污染物排放指标；

4. 炉渣处置方式：A按照危险废物填埋，B按照一般工业固体废物填埋，C按照生活垃圾填埋，D简易填埋，不符合国家标准的填埋设施，E堆放（堆置），未采取工程措施的填埋设施；

5. 审核关系：02 = 08+10+19+37，12 = 13+14+15+16+17。

危险废物集中处置厂基本情况

表　　号：J103-1表

制定机关：国务院第二次全国污染源普查领导小组办公室

批准机关：国家统计局

批准文号：

2017年　　有效期至：

项目		内容	
01. 统一社会信用代码		□□□□□□□□□□□□□□□□□□（□□） 尚未领取统一社会信用代码的填写原组织机构代码号：□□□□□□□□□（□□）	
02. 单位详细名称			
03. 经营许可证证书编号			
04. 法定代表人			
05. 区划代码		□□□□□□□□□□□□	
06. 详细地址		＿＿＿省(自治区、直辖市) ＿＿＿地(区、市、州、盟) ＿＿＿县(区、市、旗) ＿＿＿乡(镇) ＿＿＿街(村)、门牌号	
07. 企业地理坐标		经度：＿＿度＿＿分＿＿秒　纬度：＿＿度＿＿分＿＿秒	
08. 联系方式		联系人：　电话号码：	
09. 建成时间		□□□□年□□月	
10. 集中处理厂类型		□ 1 危险废物集中处置厂　2 （单独）医疗废物集中处置厂　3 其他企业协同处置	
11. 危险废物利用处置方式（可多选）		□ □ □ □ □ 1 综合利用　2 填埋　3 物理化学处理　4 焚烧　5 其他	
12. 排水去向类型			
13. 受纳水体		名称：　代码：	
14. 排水进入环境的地理坐标		经度：＿＿度＿＿分＿＿秒　纬度：＿＿度＿＿分＿＿秒	
15. 废水排口安装的在线监测设备（多选）		□ □ □ □ □ 1 流量　2 化学需氧量　3 氨氮　4 总氮　5 总磷	
16. 废气排放口	排放口编号	排放口一　□□□□□	排放口二　□□□□□
	地理坐标	经度：＿＿度＿＿分＿＿秒 纬度：＿＿度＿＿分＿＿秒	经度：＿＿度＿＿分＿＿秒 纬度：＿＿度＿＿分＿＿秒
	烟囱高度与直径（米）	高度： 直径：	高度： 直径：
	安装的在线监测设备(多选)	□ □ □ 1 二氧化硫　2 氮氧化物　3 颗粒物	□ □ □ 1 二氧化硫　2 氮氧化物　3 颗粒物
17. 废气处理方法		焚烧炉一 除尘方法名称：　代码：□□□ 脱硫方法名称：　代码：□□□ 脱硝方法名称：　代码：□□□ 焚烧炉二 …	焚烧炉一 除尘方法名称：　代码：□□□ 脱硫方法名称：　代码：□□□ 脱硝方法名称：　代码：□□□ 焚烧炉二 …

若无组织机构代码则由普查员按照普查对象识别码编码规则顺次编码

其他企业协同处置是指由企事业单位附属的同时还接受社会其他单位委托，或利用其他设施（如水泥窑焚烧等）处理危险废物的设施

蒸发、干燥、中和、沉淀等，不包括填埋或焚烧前的预处理；医疗废物采用的高温、紫外消毒等也属于物理化学处理方式

单位负责人：　　统计负责人（审核人）：　　填表人：　　报出日期：20　年　月　日

说明：1. 本表由辖区内危险废物集中处理处置厂、医疗废物集中处理处置厂填报；

2. 排水去向类型为A、B、F、G、K中任何一种，需填写指标13和14，其他排水去向类型的不填；

3. 普查对象若有多个废气排放口，且已申领排污许可证，则按排污许可证上的排放口编号填写，未领排污许可证的，排放口编号的编制方法见指标解释；

4. 一个废气排放口如对应多个焚烧炉，且每个焚烧炉都安装了废气治理设施，则分别填写。

危险废物集中处置厂运行情况

表　　号：J103-2表
制定机关：国务院第二次全国污染源普查领导小组办公室
批准机关：国家统计局
批准文号：
有效期至：

统一社会信用代码：□□□□□□□□□□□□□□□□□□（□□）
组织机构代码：□□□□□□□□□（□□）
单位详细名称(盖章)：
运营单位名称：　　　　2017年

指标名称	计量单位	代码	指标值
甲	乙	丙	1
本年运行天数	天	01	
一、危险废物主要利用/处置情况	—	—	—
危险废物接收量	吨	02	
设计处置利用能力	吨/年	03	
处置利用总量	吨	04	
其中：处置工业危险废物量	吨	05	
处置医疗废物量	吨	06	
处置其他危险废物量	吨	07	
综合利用危险废物量	吨	08	
二、综合利用方式（有综合利用方式的填报）	—		—
设计综合利用能力	吨/年	09	
实际利用量	吨	10	
综合利用方式(可多选，最多选 3 项)	—	11	□□□　□□□　□□□
三、填埋方式（有填埋方式的填报）	—		—
设计容量	立方米	12	
已填容量	立方米	13	
设计处置能力	吨/年	14	
实际填埋处置量	吨	15	
四、物理化学处置方式（不包括填埋或焚烧前的预处理）	—		—
设计处置能力	吨/年	16	
实际处置量	吨	17	
五、焚烧方式（有焚烧方式的填报）	—		—
设施数量	台	18	
其中：炉排炉	台	19	
流化床	台	20	
固定床（含热解炉）	台	21	
旋转炉	台	22	
其他	台	23	
设计焚烧处置能力	吨/年	24	
实际焚烧处置量	吨	25	
使用的助燃剂种类	—	26	□　1 煤炭　2 燃料油　3 天然气
煤炭消耗量	吨	27	
燃料油消耗量（不含车船用）	吨	28	
天然气消耗量	万立方米	29	
废气设计处理能力	立方米/时	30	
炉渣产生量	吨	31	
炉渣填埋处置量	吨	32	
焚烧飞灰产生量	吨	33	
焚烧飞灰填埋处置量	吨	34	

注（危险废物接收量）：当年接收的，如有多种废物且液体、固体废物均存在，则全部折合成重量单位填写

注（处置医疗废物量）：指除工业危险废物和医疗废物以外，其他危险废物的总量，如教学科研单位实验室、机械电器维修、胶卷冲洗、居民生活等产生的危险废物

续表

指标名称	计量单位	代码	指标值
甲	乙	丙	1
六、医疗废物主要处置情况（有医疗废物处置方式的填报）	—	—	—
医疗废物处置方式	—	35	□ 1 焚烧　2 高温蒸汽处理　3 化学消毒处理 4 微波消毒处理　5 其他处置
医疗废物设计处置能力	吨/年	36	
其中：焚烧设计处置能力	吨/年	37	
实际处置医疗废物量	吨	38	
七、废水产生及处理情况	—	—	—
废水处理方法	—	39	名称：　代码:□□□□
废水设计处理能力	立方米/日	40	
废水产生量	立方米	41	
实际处理废水量	立方米	42	
废水排放量	立方米	43	

单位负责人：　统计负责人（审核人）：　填表人：　报出日期：20　年　月　日

说明：1. 本表由辖区内危险废物集中处理处置厂、医疗废物集中处理处置厂填报；

2. 尚未领取统一社会信用代码的填写原组织机构代码号；

3.审核关系：04=05+06+07+08，08=10，18=19+20+21+22+23。

生活垃圾/危险废物集中处置厂（场）废水监测数据

J104-1（废水监测表）的指标解释及填报要求同J101-3表

表　　号：J104-1表
制定机关：国务院第二次全国污染源普查领导小组办公室
批准机关：国家统计局
批准文号：
有效期至：

统一社会信用代码：□□□□□□□□□□□□□□□□□□（□□）
组织机构代码：□□□□□□□□□（□□）
单位详细名称(盖章)：
废水排放口编号：□□□□□　　2017年

指标名称	计量单位	代码	监测方式	指标值
甲	乙	丙	1	2
废水（含渗滤液）流量	立方米/天	01	□	
化学需氧量进口浓度	毫克/升	02	□	
化学需氧量排口浓度	毫克/升	03	□	
生化需氧量进口浓度	毫克/升	04	□	
生化需氧量排口浓度	毫克/升	05	□	
动植物油进口浓度	毫克/升	06	□	
动植物油排口浓度	毫克/升	07	□	
总氮进口浓度	毫克/升	08	□	
总氮排口浓度	毫克/升	09	□	
氨氮进口浓度	毫克/升	10	□	
氨氮排口浓度	毫克/升	11	□	
总磷进口浓度	毫克/升	12	□	
总磷排口浓度	毫克/升	13	□	
挥发酚进口浓度	毫克/升	14	□	
挥发酚排口浓度	毫克/升	15	□	
氰化物进口浓度	毫克/升	16	□	
氰化物排口浓度	毫克/升	17	□	
总砷进口浓度	毫克/升	18	□	
总砷排口浓度	毫克/升	19	□	
总铅进口浓度	毫克/升	20	□	
总铅排口浓度	毫克/升	21	□	
总镉进口浓度	毫克/升	22	□	
总镉排口浓度	毫克/升	23	□	
总铬进口浓度	毫克/升	24	□	
总铬排口浓度	毫克/升	25	□	
六价铬进口浓度	毫克/升	26	□	
六价铬排口浓度	毫克/升	27	□	
总汞进口浓度	毫克/升	28	□	
总汞排口浓度	毫克/升	29	□	

1.在线监测，2.企业自测（手工），3.委托监测，4.监督监测。将代码填入表格内

单位负责人：　　统计负责人（审核人）：　　填表人：　　报出日期：20　年　月　日

说明：1. 本表由辖区内生活垃圾集中处理处置设施和危险废物集中处理处置厂、医疗废物集中处理处置厂填报；
2. 尚未领取统一社会信用代码的填写原组织机构代码号；
3. 采用监测数据计算污染物排放量的单位填报本表，如果部分项目监测，只填报监测项目，未监测的项目不填；
4. 普查对象若有多个排放口，则按不同排放口分别填报，排放口编号的编制方法见指标解释；
5. 污染物浓度按年平均浓度填报并按监测方法对应的有效数字填报；
6. 监测方式：指获取监测数据的监测活动方式，按1. 在线监测，2. 企业自测（手工），3. 委托监测，4. 监督监测，将代码填入表格内。

生活垃圾/危险废物集中处置厂（场）焚烧废气监测数据

表　　号：J104-2表
制定机关：国务院第二次全国污染源普查领导小组办公室
批准机关：国家统计局
批准文号：
有效期至：

统一社会信用代码：□□□□□□□□□□□□□□□□□□（□□）
组织机构代码：□□□□□□□□□（□□）
单位详细名称(盖章)：
废气排放口编号：□□□□□　　2017年

指标名称	计量单位	代码	监测方式	指标值
甲	乙	丙	1	2
焚烧废气流量	立方米/时	01	□	
年排放时间 ← 指焚烧炉的烟气年排放时间	小时	02	□	
二氧化硫浓度	毫克/立方米	03	□	
氮氧化物浓度	毫克/立方米	04	□	
颗粒物浓度	毫克/立方米	05	□	
砷及其化合物浓度	毫克/立方米	06	□	
铅及其化合物浓度	毫克/立方米	07	□	
镉及其化合物浓度	毫克/立方米	08	□	
铬及其化合物浓度	毫克/立方米	09	□	
汞及其化合物浓度	毫克/立方米	10	□	

单位负责人：　　统计负责人（审核人）：　　填表人：　　报出日期：20　年　月　日

说明：1. 本表由辖区内生活垃圾集中处理处置设施和危险废物集中处理处置厂、医疗废物集中处理处置厂填报；
2. 尚未领取统一社会信用代码的填写原组织机构代码号；
3. 采用监测数据计算污染物排放量的单位填报本表，未使用监测数据的单位不填报；如果部分项目监测，只填报监测项目，未监测的项目不填；
4. 普查对象若有多个排放口，则按不同排放口分别填报；排放口编号的编制方法见指标解释；
5. 污染物浓度按年平均浓度填报并按监测方法对应的有效数字填报；废气流量保留整数，污染物浓度按监测方法对应的有效数字填报；
6. 监测方式：指获取监测数据的监测活动方式，按1. 在线监测，2. 企业自测（手工），3. 委托监测，4. 监督监测，将代码填入表格内。

生活垃圾/危险废物集中处置厂（场）污染物排放量

表　　号：J104-3表
制定机关：国务院第二次全国污染源普查领导小组办公室
批准机关：国家统计局
批准文号：
有效期至：

统一社会信用代码：□□□□□□□□□□□□□□□□□□（□□）
组织机构代码：□□□□□□□□□（□□）
单位详细名称(盖章)：　　2017年

指标名称	计量单位	代码	数据来源	指标值
甲	乙	丙	1	2
一、废水主要污染物	—	—	—	—
化学需氧量产生量	吨	01	□	
化学需氧量排放量	吨	02	□	
生化需氧量产生量	吨	03	□	
生化需氧量排放量	吨	04	□	
动植物油产生量	吨	05	□	
动植物油排放量	吨	06	□	
总氮产生量	吨	07	□	
总氮排放量	吨	08	□	
氨氮产生量	吨	09	□	
氨氮排放量	吨	10	□	
总磷产生量	吨	11	□	
总磷排放量	吨	12	□	
挥发酚产生量	千克	13	□	
挥发酚排放量	千克	14	□	
氰化物产生量	千克	15	□	
氰化物排放量	千克	16	□	
砷产生量	千克	17	□	
砷排放量	千克	18	□	
铅产生量	千克	19	□	
铅排放量	千克	20	□	
镉产生量	千克	21	□	
镉排放量	千克	22	□	
总铬产生量	千克	23	□	
总铬排放量	千克	24	□	
六价铬产生量	千克	25	□	
六价铬排放量	千克	26	□	
汞产生量	千克	27	□	
汞排放量	千克	28	□	
二、焚烧废气主要污染物	—	—	—	
焚烧废气排放量	立方米	29	□	
二氧化硫排放量	千克	30	□	
氮氧化物排放量	千克	31	□	
颗粒物排放量	千克	32	□	
砷及其化合物排放量	千克	33	□	
铅及其化合物排放量	千克	34	□	
镉及其化合物排放量	千克	35	□	
铬及其化合物排放量	千克	36	□	
汞及其化合物排放量	千克	37	□	

单位负责人：　　统计负责人（审核人）：　　填表人：　　报出日期：20　年　月　日

5.2.2　农业源普查表填报手册

第二次全国污染源普查工作普查表
农业源普查表

填
报
手
册

农业源普查表目录

说明：1. 本表由辖区内生活垃圾集中处理处置设施和危险废物集中处理处置厂、医疗废物集中处理处置厂填报；

2. 尚未领取统一社会信用代码的填写原组织机构代码号；

3. 没有焚烧方式的危险废物处置厂不填报焚烧废气各项污染物产生量和排放量；

4. 本表各项污染源的产生总量和排放总量按全厂填报，不按排放口填；

5. 污染物产排放量，以吨为单位的指标保留两位小数，以千克为单位的指标保留整数；

6. 数据来源：指污染物产排放量计算采用的数据来源，按1. 在线监测，2. 企业自测（手工），3. 委托监测，4. 监督监测，5. 系数法，将代码填入表格内。

N101-1 表　规模畜禽养殖场基本情况

填报单位为规模畜禽养殖场，规模要求生猪不小于500头（出栏）、奶牛不小于100头（存栏）、蛋鸡不小于2 000羽（存栏）、肉牛不小于50头（出栏）、肉鸡不小于10 000羽（出栏）。不考虑牧区和放牧

表　　号：J101-1表
制定机关：国务院第二次全国污染源普查领导小组办公室
批准机关：国家统计局
批准文号：国统制〔2018〕103号
2017年　　有效期至：2019年12月31日

01. 统一社会信用代码	□□□□□□□□□□□□□□□□□□（□□） 尚未领取统一社会信……（□□）
02. 养殖场名称及曾用名	养殖场名称： 曾用名：
03. 法定代表人	
04. 区划代码	
05. 详细地址	
06. 企业地理坐标	
07. 联系方式	
08. 养殖种类	
09. 圈舍清粪方式	□　1 人工干清粪　2 机械干清粪　3 垫草垫料　4 高床养殖　5 水冲粪　6 水泡粪
10. 圈舍通风方式	□　1 封闭式　2 开放式
11. 原水存储设施	设施类型 □　1 土坑　2 砖池　3 水泥池　4 贴膜防渗池 池口方式 □　1 封闭式　2 开放式　如为开放式，池口面积：______平方米 容积：______立方米
12. 尿液废水处理工艺	□ □ □ □ □ □ □ □ □ □□ 1 固液分离　2 肥水贮存　3 厌氧发酵　4 好氧处理　5 液体有机肥生产　6 氧化塘处理 7 人工湿地　8 膜处理　9 无处理　10 其他（请注明）（可多选，按工艺流程填序号）
13. 尿液废水处理设施	□ □ □ □ □ □ □ □ □ 1 固液分离机　2 沼液贮存池　3 厌氧发酵池/罐　4 好氧池/曝气池　5 场内液肥生产线 6 氧化塘　7 多级沉淀池　8 膜处理装置　9 其他（请注明）　（可多选）
14. 尿液废水处理利用方式及比例	□ 1 肥水利用____%　2 沼液还田____%　3 场内生产液体有机肥____% 4 异位发酵床____%　5 鱼塘养殖____%　6 场区循环利用____%　7 委托处理____% 8 达标排放____%　9 直接排放____%　10 其他（请注明）__________（可多选）
15. 粪便存储设施	是否防雨 □　1. 是　2. 否　是否防渗 □　1. 是　2. 否　容积：______立方米
16. 粪便处理工艺	
17. 粪便处理利用方式及比例	1 农家肥____%　2 场内生产有机肥____%　3 沼渣还田____%　4 生产牛床垫料____% 5 作为栽培基质____%　6 作为燃料____%　7 鱼塘养殖____%　8 委托处理____% 9 场外丢弃____%　10 其他（请注明）____（可多选）
18. 污水排放受纳水体	受纳水体名称： 受纳水体代码：　　（如无废水外排，不填）
19. 养殖场是否有锅炉	□　1 是　2 否 注：选择"是"，须按照非工业企业单位锅炉污染及防治情况 S103 表填报锅炉信息

指经有关部门批准正式使用的单位全称，按工商部门登记的名称填写；未进行工商注册的，可填报畜禽养殖场负责人姓名填写时要求使用规范化汉字

人工干清粪：干粪由人工的方式收集、清扫、运走，尿及冲洗水则从下水道流出。机械干清粪：干粪利用专用的机械设备收集和运走，尿及冲洗水则从下水道流出。垫草垫料：稻壳、木屑、作物秸秆或者其他原料以一定厚度平铺在畜禽养殖舍地面，畜禽在其上面生长、生活的养殖方式。高床养殖：动物以及动物粪便不与垫草垫料直接接触，饲养过程动物粪便落在垫草垫料上，通过垫草垫料对动物粪尿进行吸收进一步处理。水冲粪：畜禽粪尿污水混合进入缝隙地板下的粪沟，每天一次或数次放水冲洗圈舍的清粪方式，冲洗后的粪水一般顺粪沟流入粪便主干沟，进入地下贮粪池或用泵抽吸到地面贮粪池。水泡粪：畜禽舍地板下设置的排粪沟中注入一定量的水，排水口设有闸门。所有粪尿、冲洗水和管理用水全部通过缝隙地板进入粪沟，储存一定时间后打开闸门，将沟中粪水排出

封闭式：机械通风；开放式：自然通风

与养殖场污水处理工艺所配套的设施和设备

填写对应处理方式所占比例。委托处理是指养殖场委托第三方进行尿液废水的处理处置

一定要填写对应处理方式所占比例。作为栽培基质是指畜禽粪便混合菌渣或者其他农作物秸秆，进行一定的无害化处理后，生产基质盘或基质土，应用于栽培果菜的利用方式；委托处理是指养殖场委托第三方进行粪便处理处置

根据国务院第二次全国污染源普查工作领导小组办公室确定的水系代码表填报受纳水体名称与代码。各地如有本编码未编入的小河流需统计使用，可由省、自治区、直辖市环保部门按照本编码的编码方法在相应的空码上继续编排编码位数可扩充

续表

指标名称	计量单位	代码	指标值		
			饲养阶段		
甲	乙	丙	1	2	3
饲养阶段名称	—	20			
饲养阶段代码	—	21			
存栏量	头（羽）	22			
体重范围	千克/头（羽）	23			
采食量	千克/天·头（羽）	24			
饲养周期	天	25			

不同饲养阶段动物存栏的数量

单位负责人：　　统计负责人（审核人）：　　填表人：　　报出日期：20　年　月　日

说明：1.本表由辖区内规模畜禽养殖场填报；

2.饲养阶段名称及代码：生猪分为能繁母猪（代码：Z1）、保育猪（代码：Z2）、育成育肥猪（代码：Z3）3个阶段，奶牛分为成乳牛（代码：N1）、育成牛（代码：N2）、犊牛（代码：N3）3个阶段，肉牛分母牛（代码：R1）、育成育肥牛（代码：R2）、犊牛（代码：R3）3个阶段，蛋鸡分育雏育成鸡（代码：J1）和产蛋鸡（代码：J2）2个阶段，肉鸡（代码：J3）1个阶段。

N101-2 表　规模畜禽养殖场养殖规模与粪污处理情况

表　　号：N101-2表
制定机关：国务院第二次全国污染源普查领导小组办公室
批准机关：国家统计局
批准文号：国统制〔2018〕103号
有效期至：2019年12月31日

统一社会信用代码：□□□□□□□□□□□□□□□□□□（□□）
组织机构代码：□□□□□□□□□（□□）
养殖场名称(盖章)：　　　　2017年

指标名称	计量单位	代码	指标值
甲	乙	丙	1
一、生产设施	—		
圈舍建筑面积	平方米		
二、养殖量	—		
生猪（全年出栏量）	头		
奶牛（年末存栏量）	头		
肉牛（全年出栏量）	头		
蛋鸡（年末存栏量）	羽		
肉鸡（全年出栏量）	羽		
三、污水和粪便产生及利用情况	—		
污水产生量	吨/年		
污水利用量	吨/年		
粪便收集量	吨/年		
粪便利用量	吨/年		
四、养殖场粪污利用配套农田和林地情况	—		
农田面积	亩		
大田作物	亩		
其中：小麦	亩		
玉米	亩		
水稻	亩		
谷子	亩	16	
其他作物	亩	17	
蔬菜	亩	18	
经济作物	亩	19	
果园	亩	20	
草地面积	亩	21	
林地面积	亩	22	

养殖场场区内生产设施及配套设施的建筑面积不包括活动区等

生猪、肉牛和肉鸡填写全年总出栏数量，奶牛和蛋鸡填写年末存栏数量，如年末无存栏量，则按2017年度平均存栏量填写

养殖场正常生产过程中，产生的污水总量

采用一定的方式进行利用的污水量，达标排放的、未利用直接排放的不属于利用范围

养殖场收集的粪便总量

养殖场采用各种方式利用粪便的量，场外丢弃不属于利用范围

包括养殖场自有土地，或通过土地承包、流转、租赁的农田和林地，以及与周边农户签订用肥协议用于粪污消纳利用的农田和林地面积

单位负责人：　　　统计负责人（审核人）：　　　填表人：　　　报出日期：20　年　月　日

说明：1.本表由辖区内规模畜禽养殖场填报；
2.尚未领取统一社会信用代码的填写原组织机构代码号；
3.12-19为播种面积，20-22为种植面积。

N201-1表　县（区、市、旗）种植业基本情况

区划代码：□□□□□□

______省（自治区、直辖市）

______市（区、市、州、盟）

______县（区、市、旗）

综合机关名称（盖章）：　　　　　　　　　　2017年

表　　号：N201－1表

制定机关：国务院第二次全国污染源普查领导小组办公室

批准机关：国家统计局

批准文号：国统制〔2018〕103号

有效期至：2019年12月31日

指标名称	计量单位	代码	指标值
甲	乙	丙	1
一、农村人口情况			
农户总数			
农村劳动力人口			
二、农业生产资料投入情况			
化肥施用量			
其中：氮肥施用折纯量			
含氮复合肥施用折纯量			
用于种植业的农药使用量			
三、规模种植主体情况			
规模种植主体数量			
规模种植总面积			
其中：粮食作物面积			
经济作物面积			
蔬菜瓜果面积			
园地面积			
四、耕地与园地总面积			
不同坡度耕地和园地总面积			
其中：平地面积（坡度≤5°）			
缓坡面地积（坡度5～15°）			
陡坡地面积（坡度＞15°）			
耕地面积			
其中：旱地			
水田			
菜地面积			
其中：露地			
保护地			
园地面积			
其中：果园			
茶园			
桑园	亩	26	
其他	亩	27	
五、地膜生产应用及回收情况			
地膜生产企业数量			
地膜生产总量			
地膜年使用总量			
地膜覆膜总面积	亩	31	
地膜年回收总量			
地膜回收企业数量		33	
地膜回收利用总量	吨	34	

区划代码：由所在地普查机构统一填写。按国家统计局发布的最新的县级行政区划代码，将相应行政区划代码填写在大格内

综合机关名称：指填报全县（区、市、旗）汇总数据的行业主管部门

农户总数：用于登记农业经营户、居住在农村且有确权（承包）土地的住户。以居住地或从事农业经营活动的生产地为原则登记。该县种植粮食作物经济作物和蔬菜作物的农户总户数

农村劳动力人口：指乡村人口中经常参加集体经济组织（包括乡镇企业、事业单位）和家庭副业劳务的劳动力的人数之和。也指有劳动能力的农民的数量

规模种植主体情况：指一年一熟制地区露地种植农作物的土地达到100亩[①]及以上、一年二熟及以上地区露地种植农作物的土地达到50亩及以上、设施农业的设施占地面积25亩及以上，园地面积达到100亩及以上，具有较大农业经营规模的农业经营主体

粮食作物面积：指谷类作物、薯类作物和豆类作物等粮食作物的面积

经济作物面积：指棉花、油料、糖料、烟叶、麻类、药材等的面积，不包括茶、桑、水果、橡胶等多年生木本经济作物

蔬菜瓜果面积：包括露地上种植的根茎叶类蔬菜、瓜果类蔬菜、水生蔬菜等，也包括保护地栽培的蔬菜和瓜果

园地面积：指种植以采集果、叶、根、茎、汁为主的多年生木本或草本作物，覆盖率大于50%，或每亩株数达到合理株数的70%的土地。包括果园、桑园、茶园以及橡胶园等

耕地面积：指用于种植农作物的土地，不包括种植茶、桑、果等多年生木本农作物的土地。包括熟地、新开发、复垦、整理地、休闲地（含轮歇地、草田轮作地）；以种植农作物为主，间有零星果树、桑树或其他林木的土地；平均每年能保证收获一季的已垦滩地和海涂；抛荒不满三年的耕地。南方宽度小于1m，北方宽度小于2m固定的沟、渠、路和田埂也算耕地。注意1：不包括已改为鱼塘、果园、林地的土地，被工厂、公路、铁路等设施占用的土地，已退耕还林、还草或已损毁的耕地。也不包括抛荒三年以上的耕地。注意2：林农、果农间作的土地，以种植农作物为主的按耕地计算，以果树为主的计为园地，以林地为主的计为林地。已实施国家退耕还林、还草项目并已享受补贴的，无论是否间作农作物，都不算作耕地面积

保护地：保护地包括温室、大棚和小拱棚，不包括无土栽培、食用菌和盆花种植的温室

地膜覆膜总面积：地块每重新种植一茬作物并新覆膜一次，算一次面积

地膜年回收总量：指本年度全县通过人工或机械回收的残膜总净重量。即排除回收地膜材料中土壤、作物残体等杂质后的地膜重量为估算值

地膜回收利用总量：指县域内全部地膜回收企业每年能够回收加工利用的地膜总重量

① 1亩≈666.67m^2。

续表

指标名称	计量单位	代码	指标值
甲	乙	丙	1
六、作物产量	吨	35	
早稻	吨	36	
中稻和一季晚稻	吨	37	
双季晚稻	吨	38	
小麦	吨	39	
玉米	吨	40	
薯类	吨	41	
其中：马铃薯	吨	42	
木薯	吨	43	
油菜	吨	44	
大豆	吨	45	
棉花	吨	46	
甘蔗	吨	47	
花生	吨	48	
七、秸秆规模化利用情况	—	—	—
秸秆规模化利用企业数量	个	49	
其中：肥料化利用企业数量	个	50	
饲料化利用企业数量	个	51	
基料化利用企业数量	个	52	
原料化利用企业数量	个	53	
燃料化利用企业数量	个	54	
秸秆规模化利用数量	吨	55	
其中：肥料化利用数量	吨	56	
饲料化利用数量	吨	57	
基料化利用数量	吨	58	
原料化利用数量	吨	59	
燃料化利用数量	吨	60	

单位负责人：　　统计负责人（审核人）：　　填表人：　　联系电话：　　报出日期：20　年　月　日

说明：1.本表由县（区、市、旗）农业部门根据统计数据填报；

2.规模种植指一年一熟制地区露地种植农作物的土地达到100亩及以上，一年二熟及以上地区露地种植农作物的土地达到50亩及以上，设施农业的设施占地面积25亩及以上，园地面积达到100亩及以上；

3.审核关系：

（1）08=09+10+11+12；

（2）13=17+23=14+15+16；

（3）17=18+19；

（4）20=21+22；

（5）23=24+25+26+27。

N201-2表　县（区、市、旗）种植业播种、覆膜与机械收获面积情况

区划代码：□□□□□□
________省（自治区、直辖市）
________市（区、市、州、盟）
________县（区、市、旗）
综合机关名称（盖章）：　　　　2017年

表　　号：N201-2表
制定机关：国务院第二次全国污染源普查领导小组办公室
批准机关：国家统计局
批准文号：国统制〔2018〕103号
有效期至：2019年12月31日

指标名称	代码	指标值			
		播种面积（亩）	覆膜面积（亩）	机械收获面积（亩）	秸秆直接还田面积（亩）
甲	乙	1	2	3	4
一、粮食作物	01				
其中：小麦	02				
玉米	03				
水稻	04				
其中：早稻	05				
中稻和一季晚稻	06				
双季晚稻	07				
薯类	08				
其中：马铃薯	09				
豆类	10			—	—
其中：大豆	11				
其他豆类	12			—	—
其他粮食作物	13				
二、经济作物	14				
其中：油料作物	15			—	—
其中：油菜	16				
花生	17				
向日葵	18			—	—
棉麻作物	19			—	—
其中：棉花	20				
糖料作物	21			—	—
其中：甘蔗	22				
甜菜	23			—	—
烟叶	24				
木薯	25				
中药材	26				
其他经济作物	27				
三、蔬菜	28				
其中：露地蔬菜	29				
保护地蔬菜	30				
四、瓜果	31				
其中：西瓜	32			—	—
五、果园	33			—	—
其中：苹果	34			—	—
梨	35			—	—
葡萄	36			—	—
桃	37			—	—
柑桔	38			—	—

指某地区相应作物所有覆盖地膜农田的总面积（包括地膜本身覆盖的面积和操作畦间的未覆盖面积）。同样地块每重新种植一茬作物并新覆膜一次，计一次面积

棉花不包括木棉。中药材指人工栽培的各种中药材作物，不包括野生药材。其他经济作物包括草本花卉等

蔬菜不包含菜用瓜。
蔬菜瓜果播种面积根据不同的生长特点采取不同统计方法。
1.在调查年度内，播种一次收获一次的，种一茬计一次面积；
2.多年生的，不论一年内收获几次，都只计算一次面积；
3.间种、套种，按占地面积比例或用种量折算；
4.生长在种植在大棚等农业设施中的，如果是“立体”种植，均按占地面积计算；
5.湖泊水塘等水域中的莲藕等水生蔬菜无论是野生还是人工种植均不计算面积，只计算其在耕地上种植的面积

续表

指标名称	代码	指标值			
		播种面积（亩）	覆膜面积（亩）	机械收获面积（亩）	秸秆直接还田面积（亩）
甲	乙	1	2	3	4
香蕉	39			—	—
菠萝	40			—	—
荔枝	41			—	—
其他果树	42			—	—

单位负责人：　统计负责人（审核人）：　填表人：　联系电话：　报出日期：20　年　月　日

说明：1.本表由县（区、市、旗）农业部门根据统计数据填报；

2.审核关系：

（1）01=02+03+04+08+10+13；

（2）14=15+19+21+24+25+26；

（3）28=29+30；

（4）33=34+35+36+37+38+39+40+41+42。

N201-3表　县（区、市、旗）农作物秸秆利用情况

表　　号：N201-3表
制定机关：国务院第二次全国污染源普查领导小组办公室
批准机关：国家统计局
批准文号：国统制〔2018〕103号
有效期至：2019年12月31日

区划代码：□□□□□□

______省（自治区、直辖市）
______市（区、市、州、盟）
______县（区、市、旗）

综合机关名称（盖章）：　　　　2017年

指标名称	代码	指标值				
		肥料化（吨）	饲料化（吨）	基料化（吨）	原料化（吨）	燃料化（吨）
甲	乙	1	2	3	4	5
早稻	01					
中稻和一季晚稻	02					
双季晚稻	03					
小麦	04					
玉米	05					
薯类	06					
其中：马铃薯	07					
木薯	08					
油菜	09					
大豆	10					
棉花	11					
甘蔗	12					
花生	13					

肥料化：指通过秸秆直接还田、腐熟还田、秸秆堆沤还田、秸秆生物反应堆、秸秆生产有机肥等技术途径消纳利用的秸秆量占秸秆可收集资源量的比例。利用中单独统计直接还田利用。等于秸秆肥料化利用量除以秸秆可收集资源量

饲料化：指通过青（黄）贮、碱化/氨化、压块饲料（包括颗粒饲料）加工、揉搓丝化加工、蒸汽爆破等技术途径消纳利用的秸秆量占秸秆可收集资源量的比例。即秸秆饲料化利用量除以秸秆可收集资源量

基料化：指通过秸秆生产食用菌基质、育苗基质和其他栽培基质消纳利用的秸秆量占秸秆可收集资源量的比例。即秸秆基料化利用量除以秸秆可收集资源量

原料化：指通过秸秆人造板材生产、秸秆复合材料生产、秸秆清洁制浆、秸秆木糖醇生产、秸秆可降解包装材料、秸秆墙体材料、秸秆盆钵、秸秆造纸、秸秆编织等技术途径消纳的秸秆量占秸秆可收集资源量的比例

燃料化：指通过秸秆固化成型、秸秆炭化、秸秆热解气化、秸秆沼气、秸秆直燃发电、秸秆纤维素乙醇、农户生活燃用等技术途径消纳利用的秸秆量占秸秆可收集资源量的比例。即秸秆燃料化利用量除以秸秆可收集资源量

单位负责人：　　统计负责人（审核人）：　　填表人：　　联系电话：　　报出日期：20　年　月　日

说明：1.本表由县（区、市、旗）农业部门根据统计数据填报；

2.统计范围：县（区、市、旗）辖区内秸秆规模化利用情况，特指以企业、合作社等经营主体为单位对收集离田后的秸秆加以利用的情况。

N202 表　县（区、市、旗）规模以下养殖户养殖量及粪污处理情况

区划代码：□□□□□□
______省（自治区、直辖市）
______市（区、市、州、盟）
______县（区、市、旗）
综合单位名称（盖章）：　　　　2017年

表　　号：N202表
制定机关：国务院第二次全国污染源普查领导小组办公室
批准机关：国家统计局
批准文号：国统制〔2018〕103号
有效期至：2019年12月31日

指标名称	计量单位	代码	指标值									
			生猪		奶牛		肉牛		蛋鸡		肉鸡	
				年出栏<50头		年存栏<5头		年出栏<10头		年存栏<500羽		年出栏<2000羽
甲	乙	丙	1	2	3	4	5	6	7	8	9	10
一、养殖户情况	—	—	—									
养殖户数量	个	01										
出栏量	万头（万羽）	02								—		
存栏量	万头（万羽）	03	—								—	—
二、清粪方式	—	—										
干清粪	%	04										
水冲粪	%	05										
水泡粪	%	06										
垫草垫料	%	07										
高床养殖	%	08										
其他	%	09										
三、粪便处理利用方式	—	—	—		—		—		—		—	
委托处理	%	10										
生产农家肥	%	11										
生产商品有机肥	%	12										
生产牛床垫料	%	13										
生产栽培基质	%	14										
饲养昆虫	%	15										
其他	%	16										
场外丢弃	%	17										
四、污水处理利用方式	—	—	—		—		—		—		—	
委托处理	%	18										
沼液还田	%	19										
肥水还田	%	20										
生产液态有机肥	%	21										
鱼塘养殖	%	22										
达标排放	%	23										
其他利用	%	24										
未利用直接排放	%	25										

养殖户是指饲养数量未达到规模养殖场标准的养殖单元，其中：生猪小于500头（出栏）、奶牛小于100头（存栏）、肉牛小于50头（出栏）、蛋鸡小于2 000羽（存栏）、肉鸡小于10 000羽（出栏）

饲养动物年总出栏数量，生猪、肉牛和肉鸡填写

饲养动物的年均存栏数量，奶牛和蛋鸡填写

清粪方式、粪便处理利用方式、污水处理利用方式、粪污处理利用配套农田和林地种植/播种面积和规模养殖相关要求一致

续表

指标名称	计量单位	代码	指标值
甲	乙	丙	1
五、粪污处理利用配套农田和林地种植/播种面积	—	—	—
大田作物	亩	26	
蔬菜	亩	27	
经济作物	亩	28	
果树	亩	29	
草地	亩	30	
林地	亩	31	

单位负责人： 统计负责人（审核人）： 填表人： 联系电话： 报出日期：20 年 月 日

说明：1.本表由县（区、市、旗）畜牧部门根据统计数据填报；

2.26-28填写播种面积，29-31填写种植面积。

N203表　县（区、市、旗）水产养殖基本情况

表　　号：N203表
制定机关：国务院第二次全国污染源普查领导小组办公室
批准机关：国家统计局
批准文号：国统制〔2018〕103号
有效期至：2019年12月31日

区划代码：□□□□□□
______省（自治区、直辖市）
______市（区、市、州、盟）
______县（区、市、旗）
综合机关名称（盖章）：　　　　2017年

要求加盖填表单位（调查县渔业主管单位）公章

指标名称	计量单位	代码	指标值	
甲	乙	丙	养殖品种1	养殖品种2
养殖品种名称	—	01		
养殖品种代码	—	02		
一、池塘养殖	—	—		
养殖水体	—	03	□ 1 淡水养殖 2 海水养殖	□ 1 淡水养殖 2 海水养殖
产量	吨/年	04		
投苗量	吨/年	05		
面积	亩	06		
二、工厂化养殖	—	—	—	—
养殖水体	—	07	□ 1 淡水养殖 2 海水养殖	□ 1 淡水养殖 2 海水养殖
产量	吨/年	08		
投苗量	吨/年	09		
体积	立方米	10		
三、网箱养殖	—	—	—	—
养殖水体	—	11	□ 1 淡水养殖 2 海水养殖	□ 1 淡水养殖 2 海水养殖
产量	吨/年	12		
投苗量	吨/年	13		
面积	平方米	14		
四、围栏养殖	—	—	—	—
养殖水体		15	□ 1 淡水养殖 2 海水养殖	□ 1 淡水养殖 2 海水养殖
产量	吨/年	16		
投苗量	吨/年	17		
面积	亩	18		
五、浅海筏式养殖	—	—	—	—
养殖水体	—	19	□ 1 淡水养殖 2 海水养殖	□ 1 淡水养殖 2 海水养殖
产量	吨/年	20		
投苗量	吨/年	21		
面积	亩	22		
六、滩涂养殖	—	—	—	—
养殖水体	—	23	□ 1 淡水养殖 2 海水养殖	□ 1 淡水养殖 2 海水养殖
产量	吨/年	24		
投苗量	吨/年	25		
面积	亩	26		
七、其他	—	—	—	—
养殖水体	—	27	□ 1 淡水养殖 2 海水养殖	□ 1 淡水养殖 2 海水养殖
产量	吨/年	28		
投苗量	吨/年	29		
面积	亩	30		
八、养殖情况统计	个	31		
规模养殖场	个	32		
养殖户	个	33		

在表格内按下表填写统一名称和代码，参见下表N203附表

填写品种的统一名称 和代码，如养殖品种超过2种，可自行向右延伸复印表格填报

不同养殖模式水体类型（海水、淡水）；产量；投苗量；养殖面积（工厂化养殖为体积）

统计县内规模化养殖场和养殖专业户的数量

单位负责人：　　统计负责人(审核人)：　　填表人：　　联系电话：　　报出日期：20　年　月　日

说明：1.本表由县（区、市、旗）渔业部门根据统计数据填报；
2.如需填报的养殖品种数量超过2种，可自行复印表格填报；
3.审核关系：31=32+33。

N203 附表　养殖品种名称与代码对应表

品种名称	品种代码	品种名称	品种代码	品种名称	品种代码	品种名称	品种代码	品种名称	品种代码
鲟鱼	S01	鳟鱼	S15	南美白对虾(淡)	S29	鲷鱼	S43	江珧	S57
鳗鲡	S02	河鲀	S16	河蟹	S30	大黄鱼	S44	扇贝	S58
青鱼	S03	池沼公鱼	S17	河蚌	S31	鲆鱼	S45	蛤	S59
草鱼	S04	银鱼	S18	螺	S32	鲽鱼	S46	蛏	S60
鲢鱼	S05	短盖巨脂鲤	S19	蚬	S33	南美白对虾(海)	S47	海参	S61
鳙鱼	S06	长吻鮠	S20	龟	S34	斑节对虾	S48	海胆	S62
鲤鱼	S07	黄鳝	S21	鳖	S35	中国对虾	S49	海水珍珠	S63
鲫鱼	S08	鳜鱼	S22	蛙	S36	日本对虾	S50	海蜇	S64
鳊鱼	S09	加州鲈	S23	淡水珍珠	S37	梭子蟹	S51	其他	S65
泥鳅	S10	乌鳢	S24	鲈鱼	S38	青蟹	S52		
鲶鱼	S11	罗非鱼	S25	石斑鱼	S39	牡蛎	S53		
鮰鱼	S12	罗氏沼虾	S26	美国红鱼	S40	鲍	S54		
黄颡鱼	S13	青虾	S27	军曹鱼	S41	蚶	S55		
鲑鱼	S14	克氏原螯虾	S28	鲕鱼	S42	贻贝	S56		

5.2.3　生活源普查表填报手册

第二次全国污染源普查工作普查表
生活源普查表

填
报
手
册

生活源普查表目录

表号	表名	填报单位/统计范围
普查基层表式		
S101 表	重点区域生活源社区（行政村）燃煤使用情况	重点区域社区居民委员会和行政村村民委员会填报，统计范围为本社区或行政村范围
S102 表	行政村生活污染基本信息	所有行政村村民委员会填报，统计范围为本行政村范围
S103 表	非工业企业单位锅炉污染及防治情况	拥有或实际使用锅炉的非工业企业单位填报
S104 表	入河（海）排污口情况	市区、县城和镇区范围内所有入河（海）排污口，由县级或以上普查机构组织填报
S105 表	入河（海）排污口水质监测数据	市区、县城和镇区范围内所有开展监测的入河（海）排污口，由县级或以上普查机构组织填报
S106 表	生活源农村居民能源使用情况抽样调查	抽样调查方案确定区域范围内的农户，由抽样调查单位组织填报

重点区域社区居民委员会和行政村村民委员会填报，统计范围为本社区或行政村范围

重点区域生活源社区（行政村）燃煤使用情况

区划代码：□□□□□□□□□□□□　　表　　号：S101表
________省(自治区、直辖市)　　制定机关：国务院第二次全国污染源普查领导小组办公室
________地(区、市、州、盟)
________县(区、市、旗)　　批准机关：国家统计局
________街道（镇）________社区（村）　　批准文号：
（居/村民委员会盖章）　2017年　　有效期至：

指标名称	计量单位	代码	指标值
甲	乙	丙	1
常住人口	人	01	
使用燃煤的居民家庭户数	户	02	
居民家庭燃煤年使用量	吨	03	
其中：洁净煤年使用量	吨	04	
第三产业燃煤年使用量	吨	05	
其中：洁净煤年使用量	吨	06	
农村生物质燃料年使用量	吨	07	
农村管道燃气年使用量	立方米	08	
农村罐装液化石油气年使用量	吨	09	

与统计上常住人口一致

包括型煤、兰炭、洁净焦等

包括住宿和餐饮业、租赁和商务服务业、居民服务和其他服务业等

单位负责人：　统计负责人（审核人）：　填表人：　联系电话：　报出日期：20　年　月　日

说明：1. 本表由重点区域社区居民委员会或村民委员会填报，每个社区或行政村填报一份；重点区域指京津冀及周边地区，包含北京市，天津市，河北省石家庄、唐山、邯郸、邢台、保定、沧州、廊坊、衡水市以及雄安新区，山西省太原、阳泉、长治、晋城市，山东省济南、淄博、济宁、德州、聊城、滨州、菏泽市，河南省郑州、开封、安阳、鹤壁、新乡、焦作、濮阳市；汾渭平原，包含山西省晋中、运城、临汾、吕梁市，河南省洛阳、三门峡市，陕西省西安、铜川、宝鸡、咸阳、渭南市以及杨凌示范区；

2. 村民委员会增加填报第07-09指标。

其中生物质燃料包括柴薪、玉米秸秆、稻秆、麦秆、树枝等生物质及其成型燃料

所有行政村村民委员会填报，统计范围为本行政村范围

行政村生活污染基本信息

区划代码：□□□□□□□□□□□□ 　　表　　号：S102表

________省(自治区、直辖市) 　　制定机关：国务院第二次全国污染源普查领导小组办公室

________地(区、市、州、盟)

________县(区、市、旗) 　　批准机关：国家统计局

________乡（镇）________村 　　批准文号：

（村民委员会盖章） 　　2017年 　　有效期至：

指标名称	计量单位	代码	指标值
甲	乙	丙	1
一、人口基本情况	—	—	—
常住户数（所有行政村村民委员会填报，统计范围为本行政村范围）	户	01	
常住人口（与全市口径一致）	人	02	
二、住房厕所类型	—	—	—
有水冲式厕所户数（既有水冲式厕所，又有旱厕，按有水冲式厕所填报；无厕所的按无水冲式厕所填报）	户	03	
无水冲式厕所户数	户	04	
三、人粪尿处理情况（存在多种处理方式，按最主要的一种填报；其他处理方式需填写具体方式，并统计户数）	—	—	—
综合利用或填埋的户数	户	05	
采用贮粪池抽吸后集中处理的户数	户	06	
直排入水体的户数	户	07	
直排入户用污水处理设备的户数	户	08	
经化粪池后排入下水管道的户数	户	09	
其他	户	10	
四、生活污水排放去向（有多种排放去向，按最主要的一种填报；直接排入水体指直接排向的沟渠、池塘、江河、湖、海等环境水体或排出户外进入的蒸发坑塘；其他排放去向的需填写具体去向，并统计归类）	—	—	—
直排入农田的户数	户	11	
直排入水体的户数	户	12	
排入户用污水处理设备的户数	户	13	
进入农村集中式处理设施的户数	户	14	
进入市政管网的户数	户	15	
其他	户	16	
五、生活垃圾处理方式	—	—	—
运转至城镇处理	户	17	
镇村范围内无害化处理	户	18	
镇村范围内简易处理	户	19	
无处理	户	20	
六、冬季家庭取暖能源使用情况（燃煤取暖指使用各类煤炭或使用型煤、兰炭、洁净焦等洁净煤制品作为取暖能源的。各类户数均以2017年年底为节点进行统计）	—	—	—
已完成煤改气的家庭户数	户	21	
已完成煤改电的家庭户数	户	22	
燃煤取暖的家庭户数	户	23	
安装独立土暖气（即带散热片的水暖锅炉）的家庭户数	户	24	
使用取暖炉（不带暖气片）的家庭户数	户	25	
使用火炕的家庭户数	户	26	

单位负责人： 　统计负责人（审核人）： 　填表人： 　联系电话： 　报出日期：20　年　月　日

说明：1. 本表由行政村村民委员会填报，每个行政村填报一份；所有指标均保留整数；

2. “住房厕所类型”“人粪尿处理情况”“生活污水排放去向”均按常住户数统计分类；

3. “住房厕所类型”如某一户既有水冲式厕所，又有旱厕，按“有水冲式厕所户数”填报；无厕所的按“无水冲式厕所户数”填报；

4. “人粪尿处理情况”如某一户存在多种处理方式，按最主要的一种填报；

5. “生活污水排放去向”如某一户存在多种排放去向，按最主要的一种填报；

6.审核关系：01=03+04=05+06+07+08+09+10=11+12+13+14+15+16=17+18+19+20。

非工业企业单位锅炉污染及防治情况

拥有或实际使用锅炉的非工业企业单位填报

表　　号：S103表
制定机关：国务院第二次全国污染源普查领导小组办公室
批准机关：国家统计局
批准文号：国统制〔2018〕103号
有效期至：2019年12月31日

2017年

01. 统一社会信用代码	□□□□□□□□□□□□□□□□□□（□□） 尚未领取统一社会信用代码的填写原组织机构代码号：□□□□□□□□□（□□）
02. 单位名称	
锅炉产权单位（选填）	
03. 详细地址	________省(自治区、直辖市)________地(区、市、州、盟) ________县(区、市、旗)________乡(镇) ________街(村)、门牌号
04. 联系方式	联系人：　　　　电话号码：
05. 地理坐标	经度：____度____分____秒　纬度：____度____分____秒
06. 拥有锅炉数量	□□台

锅炉污染及防治情况

指标名称	计量单位	代码	锅炉 1	锅炉 2	……
甲	乙	丙	1	2	3
一、锅炉基本信息	—	—			
锅炉用途	—	07			
锅炉投运年份	—	08			
锅炉编号	—	09			
锅炉型号	—	10			
锅炉类型	—	11			
额定出力	吨/小时	12			
锅炉燃烧方式	—	13			
年运行时间	月	14			
二、锅炉运行情况	—	—	—		
燃料煤类型	—	15			
燃料煤消耗量	吨	16			
燃料煤平均含硫量	%	17			
燃料煤平均灰分	%	18			
燃料煤平均干燥无灰基挥发分	%	19			
燃油类型	—	20			
燃油消耗量	吨	21			
燃油平均含硫量	%	22			
燃气类型	—	23			
燃料气消耗量	立方米	24			
生物质燃料类型	—	25			
生物质燃料消耗量	吨	26			
三、锅炉治理设施	—	—	—	—	—
除尘设施编号	—	27			
除尘工艺名称	—	28			
脱硫设施编号	—	29			
脱硫工艺名称	—	30			
脱硝设施编号	—	31			

锅炉用途：填报锅炉使用主要用途，根据实际情况填写：M1供水，M2供暖，M3洗浴，M4烘干，M5餐饮，M6高温消毒，M7农业，M8制冷，M9其他。有上述多种用途的情况，可以多选，以"/"分开

锅炉投运年份：填写锅炉正式投入使用年份，例如，1999。改造后锅炉按照改造后投入使用年份

锅炉编号：用字母GL（代表锅炉）及其内部编号组成锅炉编号，如GL1，GL2，GL3等；注意：仅对普查范围内在用及备用锅炉编号

锅炉型号：按照锅炉铭牌上的型号填报，锅炉型号不明或铭牌不明

额定出力：统一按蒸吨单位（t/h）填报。换算关系：60万大卡/小时 ≈ 1蒸吨/小时（t/h）≈ 0.7 MW。指标保留1位小数

锅炉类型：锅炉类型按附录（五）指标解释通用代码表中表3代码填报，仅填写燃煤锅炉、燃油锅炉、燃气锅炉或燃生物质锅炉

锅炉燃烧方式：根据不同燃料类型的锅炉燃烧方式，按附录（五）指标解释通用代码表中表4名称和代码填报

年运行时间：保留整数

续表

指标名称	计量单位	代码	锅炉 1	锅炉 2	……
甲	乙	丙	1	2	3
脱硝工艺名称	—	32			
在线监测设施安装情况	—	33			
排气筒编号	—	34			
排气筒高度	米	35			
粉煤灰、炉渣等固废去向	—	36			
四、污染物情况	—	—	—	—	—
颗粒物产生量	吨	37			
颗粒物排放量	吨	38			
二氧化硫产生量	吨	39			
二氧化硫排放量	吨	40			
氮氧化物产生量	吨	41			
氮氧化物排放量	吨	42			
挥发性有机物产生量	千克	43			
挥发性有机物排放量	千克	44			

单位负责人：　　统计负责人（审核人）：　　填表人：　　报出日期：20　年　月　日

说明：本表由拥有或实际使用锅炉的非工业企业单位填报。

入河（海）排污口情况

市区、县城和镇区范围内所有入河（海）排污口，由县级或以上普查机构组织填报

表　　号：S104表
制定机关：国务院第二次全国污染源普查领导小组办公室
批准机关：国家统计局
批准文号：国统制〔2018〕103号
2017年　有效期至：2019年12月31日

01. 排污口名称	
02. 排污口编码	□□□□□□□□□□□
03. 所在地区区划代码	□□□□□□□□□□□□□□
04. 排污口类别	□　1 入河排污口　2 入海排污口
05. 地理坐标	经度：______度______分__________秒　纬度：______度______分__________秒
06. 设置单位	
07. 排污口规模	□　1 规模以上　2 规模以下
08. 排污口类型	□　1 工业废水排污口　2 生活污水排污口　3 混合污废水排污口　4 其他_______
09. 入河（海）方式	□　1 明渠　2 暗管　3 泵站　4 涵闸　5 其他_______
10. 受纳水体	受纳水体名称：　受纳水体代码：

单位负责人：　统计负责人（审核人）：　填表人：　联系电话：　报出日期：20　年　月　日

说明：本表由县级或以上普查机构组织填报，统计范围为市区、县城和镇区范围内所有入河（海）排污口。

入河（海）排污口水质监测数据

市区、县城和镇区范围内所有开展监测的入河（海）排污口，由县级或以上普查机构组织填报

表　　号：S105表
制定机关：国务院第二次全国污染源普查领导小组办公室
批准机关：国家统计局
批准文号：国统制〔2018〕103号
有效期至：2019年12月31日

排污口名称：
排污口编码：□□□□□□□□□□
填报单位名称（盖章）：　　　　2017年

指标名称	计量单位	代码	已有监测结果						补充监测结果					
			枯水期			丰水期			枯水期			丰水期		
甲	乙	丙	1	2	3	1	2	3	1	2	3	1	2	3
监测时间	—	01												
污水排放流量	立方米/小时	02												
化学需氧量浓度	毫克/升	03												
五日生化需氧量浓度	毫克/升	04												
氨氮浓度	毫克/升	05												
总氮浓度	毫克/升	06												
总磷浓度	毫克/升	07												
动植物油浓度	毫克/升	08												
其他	毫克/升	09												

单位负责人：　　统计负责人（审核人）：　　填表人：　　联系电话：　　报出日期：20　年　月　日

说明：1.本表由县级或以上普查机构组织填报；

2.枯水期和丰水期每次采样的监测结果应在相应水期的1、2、3列中填写；

3.第02项保留1位小数，第03-09指标按监测分析方法对应的有效数字填报；

4.审核关系：05≤06。

抽样调查方案确定区域范围内的农户，由抽样调查单位组织填报

生活源农村居民能源使用情况抽样调查

区划代码：□□□□□□□□□□□□□□

______省(自治区、直辖市)
______地(区、市、州、盟)
______县(区、市、旗)
______乡（镇）______村　　2017年

表　　号：S106表
制定机关：国务院第二次全国污染源普查领导小组办公室
批准机关：国家统计局
批准文号：国统制〔2018〕103号
有效期至：2019年12月31日

一、家庭成员基本情况	
01. 户主姓名	
02. 联系电话	
03. 详细住址	______省(自治区、直辖市)______地(区、市、州、盟) ______县(区、市、旗)______乡(镇) ______街(村)、门牌号
04. 户主户籍	□　1 在本乡镇　2 不在本乡镇
05. 住户成员人数	______人
06. 常住月数	______月
二、家庭住房及生活情况	
07. 全年收入	______元
08. 全年电费开支	______元
09. 全年买煤开支	______元
10. 全年管道煤气/天然气开支	______元
11. 管道煤气/天然气价格	______元/立方米
12. 住房面积	______平方米
13. 房屋数量	______间
14. 住房结构	□　1 钢筋混凝土　2 砖混　3 砖（石）木　4 竹草土坯　5 其他
15. 屋顶材料	□　1 瓦　2 草　3 石板　4 混凝土　5 其他
16. 家用电器（多选）	1 洗衣机 □　2 冰柜 □　3 电冰箱 □　4 电视 □　5 空调 □ 6 电饭锅 □　7 电脑 □　8 电磁炉 □　9 微波炉 □　10 电灯 □ 11 电暖器 □　12 电扇 □　13 电热毯 □　14 电水壶 □
17. 沼气池	□　1 无　2 有，但不使用沼气　3 有，使用沼气
18. 年液化气用量	______罐
19. 年燃煤用量	______公斤
20. 年蜂窝煤用量	______块
21. 年颗粒/压块燃料用量	______公斤
22. 燃煤类型	□　1 无烟煤　2 烟煤　3 褐煤　4 泥煤
三、家庭炉灶和取暖情况	
23. 炉灶个数	______个
24. 集中供暖（单位锅炉）	□　1 是　2 否
25. 土暖气燃料	□　1 燃煤　2 蜂窝煤　3 劈柴　4 树枝
26. 土暖气燃料用量	______公斤
27. 土暖气年使用时间	______月
28. 不带暖气片取暖炉燃料	□　1 秸秆　2 玉米芯　3 劈柴　4 颗粒/压块燃料 5 树枝　6 燃煤　7 蜂窝煤　8 牛羊粪
29. 不带暖气片取暖炉燃料用量	______公斤
30. 不带暖气片取暖炉年使用时间	______月
31. 火盆（火塘）燃料	□　1 秸秆　2 玉米芯　3 劈柴　4 颗粒/压块燃料 5 树枝　6 燃煤　7 蜂窝煤　8 牛羊粪
32. 火盆（火塘）燃料用量	______公斤
33. 火盆（火塘）年使用时间	______月

续表

四、非取暖燃料使用情况	
34. 做饭燃料（多选）	1 电饭锅 □ 2 电磁炉 □ 3 秸秆 □ 4 玉米芯 □ 5 劈柴 □ 6 树枝 □ 7 草 □ 8 牛羊粪 □ 9 燃煤 □ 10 蜂窝煤 □ 11 沼气 □ 12 液化气 □ 13 管道天然气 □ 14 管道煤气 □ 15 颗粒/压块燃料 □
35. 做饭燃料年使用时间	________月
36. 热牲畜饲料燃料（多选）	1 不热牲畜饲料 □ 2 秸秆 □ 3 玉米芯 □ 4 劈柴 □ 5 树枝 □ 6 草 □ 7 燃煤 □ 8 蜂窝煤 □ 9 牛羊粪 □
37. 秸秆来源（多选）	1 无秸秆 □ 2 玉米 □ 3 小麦 □ 4 水稻 □ 5 大豆 □ 6 棉花 □ 7 芝麻 □ 8 其他 □
38. 蜂窝煤来源	□ 1 自制 2 购买

被访问者： 联系电话： 调查员： 日期：20 年 月 日

说明：本表由抽样调查单位组织填报。

5.2.4　移动源普查表填报手册

第二次全国污染源普查工作普查表
移动源普查表

填
报
手
册

移动源普查表目录

表号	表名	填报单位/统计范围
普查基层表式		
Y101 表	储油库油气回收情况	辖区内对外营业的储油库运营单位填报
Y102 表	加油站油气回收情况	辖区内对外营业的加油站运营单位填报
Y103 表	油品运输企业油气回收情况	辖区内油品运输企业填报
普查综合表式		
Y201—1 表	机动车保有量	直辖市、地（区、市、州、盟）第二次全国污染源普查领导小组组织本级公安交管部门填报，统计范围为辖区内所有登记注册的机动车
Y201—2 表	机动车污染物排放情况	直辖市、地（区、市、州、盟）普查机构填报
Y202—1 表	农业机械拥有量	直辖市、地（区、市、州、盟）第二次全国污染源普查领导小组组织本级农机管理部门填报，统计范围包括从事农林牧渔业生产的单位和农户及为其提供农机作业服务的单位、组织和个人实际拥有的农业机械
Y202—2 表	农业生产燃油消耗情况	同上
Y202—3 表	机动渔船拥有量	直辖市、地（区、市、州、盟）第二次全国污染源普查领导小组组织本级渔业管理部门填报，统计范围为辖区内从事渔业生产的船舶以及为渔业生产服务的船舶
Y202—4 表	农业机械污染物排放情况	直辖市、地（区、市、州、盟）普查机构填报
Y203 表	油品储运销污染物排放情况	同上

储油库油气回收情况

填报范围：辖区内对外营业的储油库，不包括企业内部和军需储油库；填报单位：辖区内从事油品储存的企业；填报燃油类型：包括原油、汽油、柴油（含生物柴油）

表　　号：　Y101表
制定机关：　国务院第二次全国污染源普查领导小组办公室
批准机关：　国家统计局
批准文号：
2017年　有效期至：

01. 统一社会信用代码	□□□□□□□□□□□□□□□□□□（□□） 尚未领取统一社会信用代码的填写原组织机构代码号：□□□□□□□□□（□□）
02. 单位详细名称及曾用名	单位详细名称： 曾用名：
03. 法定代表人／个体工商户户主姓名	
04. 企业内部的储油库（区）的名称	
05. 区划代码	□□□□□□□□□□□□
06. 详细地址	______省(自治区、直辖市) ______地(区、市、州、盟) ______县(区、市、旗) ______乡(镇) ______街(村)、门牌号
07. 联系方式	联系人：　　　　电话号码：

储油库油气回收情况

指标名称	单位	原油		汽油		柴油	
	甲	1	2	3	4	5	6
08. 储罐编码	—						
09. 储罐罐容	立方米						
10. 年周转量	吨						
11. 油气回收治理技术顶罐结构	—						
12. 装油方式	—						
13. 油气处理方法	—				□	—	—
14. 有无在线监测系统	—						—
15. 油气回收装置年运行小时数	小时						—

指实际储油过程中单个储罐可储藏的最大油料容积，又叫有效容积

指储油库的一个储罐在一年时间内，由各种运输工具或管道实际完成入库和出库的油品质量的总和

1.底部装油：指从罐体的底部往罐内注油的装油方式，也叫下装装油方式，一般需要在罐体底部安装防溢漏系统、油气回收系统等结构。
2.顶部装油：指从罐体上方的人孔往罐内注油的装油方式

1.吸附法；2.吸收法；3.冷凝法；4.膜分离法；5.其他

指在线监测油气回收过程中的压力，油气回收效率是否正常的系统
1.有　2.无

单位负责人：　　统计负责人（审核人）：　　填表人：　　报出日期：20　年　月　日

说明：1. 本表由辖区内从事油品储存的企业填报，有多个库区的按照库区逐个分别填报；
2. 储罐编码按顺序填写，可以增加列；
3. 11.油气回收治理技术顶罐结构按1.内浮顶灌，2.外浮顶灌，3.固定顶罐选择填报；
4. 12.装油方式按1.底部装油，2.顶部装油选择填报；
5. 13.油气处理方法按1.吸附法，2.吸收法，3.冷凝法，4.膜分离法，5其他选择填报；
6. 油气回收装置年运行小时填写油气回收装置年运行时间；
7. 本表指标中最多保留小数点后两位。

指罐顶部结构与罐体采用焊接方式连接，顶部固定的储油罐，一般有拱顶和锥顶两种结构

指储油罐的顶部是一个漂浮在贮液表面上的浮动顶盖，油罐顶部结构随罐内储存液位的升降而升降，顶部活动

指带罐顶的浮顶罐，储油罐内部具有一个漂浮在贮液表面上的浮动顶盖，随着储液的输入输出而上下浮动

加油站油气回收情况

填报范围：辖区内对外营业的加油站；
填报单位：辖区内从事油品销售的企业；
填报燃油类型：包括汽油、柴油（含生物柴油）

表　　号：Y102表
制定机关：国务院第二次全国污染源普查领导小组办公室
批准机关：国家统计局
批准文号：
2017年　　有效期至：

01. 统一社会信用代码	□□□□□□□□□□□□□□□□□□（□□） 尚未领取统一社会信用代码的填写原组织机构代码号：□□□□□□□□□（□□）
02. 单位详细名称及曾用名	单位详细名称： 曾用名：
03. 法定代表人/个体工商户户主姓名	
04. 所属加油站名称	
05. 区划代码	□□□□□□□□□
06. 详细地址	______省(自治区、直辖市) ______地(区、市、州、盟) ______县(区、市、旗) ______乡(镇) ______街(村)、门牌号
07. 地理坐标	经度：___度___分___秒　纬度：___度___分___秒
08. 联系方式	联系人：

指标名称	汽油	柴油
	1	2
09. 总罐容（立方米）		
10. 年销售量（吤）		
11. 油气回收阶段	□　1 一阶段　2 二阶段　3 无	—
12. 有无排放处理装置	□	
13. 有无在线监测系统	□	
14. 油气回收装置改造完成时间	□□□□年□□月	—
15. 储罐类型	□ 2 覆土立式油罐 3 覆土卧式油罐	2 覆土立式油罐 3 覆土卧式油罐
16. 储罐壳体类型	□	□　1 单层　2 双层
17. 有无防渗池	□　1 有　2 无	□　1 有　2 无
18. 有无防渗漏监测设施	□　1 有　2 无	□　1 有　2 无
19. 有无双层管道	□　1 有　2 无	□　1 有　2 无

单位负责人：　　统计负责人（审核人）：　　填表人：　　报出日期：20　年　月　日

说明：1. 本表由辖区内从事油品销售的企业填报，有多个
2. 统计范围：辖区内对外营业的加油站；
3. 燃油类型包括汽油、柴油（包括生物柴油）；
4. 油气回收阶段包括一阶段、二阶段，未进行任何油气回收改造的填“无”
5. 本表指标中最多保留小数点后两位。

指加油站同一燃料类型储罐设计容积之总和

包括为一阶段、二阶段，完成卸油油气回收系统改造的称为一阶段，完成储油和加油油气回收系统改造的称为二阶段。1.一阶段　2.二阶段　3.无

指针对加油油气回收系统部分排放的油气，通过采用吸附、吸收、冷凝、膜分离等方法对这部分排放的油气进行回收处理的装置。1.有　2.无

指在线实时监测加油油气回收过程中的加油枪气液比、油气回收系统的密闭性、油气回收管线液阻是否正常的系统。1.有　2.无

包括1.地上储罐、2.覆土立式油罐、3.覆土卧式油罐三种

包括1.单层、2.双层

指储罐外围专门设置的能够起到二次油品防渗保护的池子。对于储油库等的地下单层储罐来说，一般应采取防渗池等有效措施防治油品泄漏对水体的污染。1.有；2.无

指采用一定的方式方法，可以对双层储罐、防渗池进行有效监测的设施或措施。1.有；2.无

外管管壁形成的具有双层间隙的管道。1.有；2.无

油品运输企业油气回收情况

填报范围：辖区内油品运输企业；
填报单位：辖区内从事油品运输的企业；
填报燃油类型：包括汽油、柴油（含生物柴油）

2017年

表 号： Y103表
制定机关： 国务院第二次全国污染源普查领导小组办公室
批准机关： 国家统计局
批准文号：
有效期至：

01. 统一社会信用代码	□□□□□□□□□□□□□□□□□□（□□） 尚未领取统一社会信用代码的填写原组织机构代码号：□□□□□□□□□（□□）
02. 单位详细名称	
03. 法定代表人/个体工商户户主姓名	
04. 区划代码	□□□□□□□□□□□□
05. 详细地址	______省(自治区、直辖市) ______地(区、市、州、盟) ______县(区、市、旗) ______乡(镇) ______街(村)、门牌号
06. 地理坐标（企业）	经度：___度___分___秒 纬度：___度___分___秒
07. 联系方式	联系人： 电话号码：
08. 年汽油运输总量	______吨
09. 年柴油运输总量	______吨
10. 油罐车数量	______辆
11. 具有油气回收系统的油罐车数量	______辆
12. 定期进行油气回收系统检测的油罐车数量	______辆

08 注：指企业在一年内所有油罐车运送所有标号汽油的总数量

09 注：指企业在一年内所有油罐车运送所有标号柴油（包括生物柴油）的总数量

11 注：指企业完成油气回收系统改造的油罐车和新购置具有油气回收系统的油罐车数量之和

12 注：指至少每年进行一次油气回收系统密闭性检测的油罐车数量之和

单位负责人： 统计负责人（审核人）： 填表人： 报出日期：20 年 月 日

说明：1. 本表由辖区内从事油品运输企业填报；
2. 统计范围：辖区内油罐车（包括租赁车辆）；
3. 本表指标中最多保留小数点后两位；
4. 审核关系：10≥11≥12。

直辖市、地（区、市、州、盟）第二次全国污染源普查领导小组组织本级公安交管部门填报

机动车保有量

表　　号：　Y201－1表
制定机关：国务院第二次全国污染源普查领导小组办公室
批准机关：国家统计局
批准文号：国统制〔2018〕103号
有效期至：2019年12月31日

区划代码：□□□□□□
________省(自治区、直辖市)
________地(区、市、州、盟)
综合机关名称（盖章）：　　　　2017年

机动车类型	代码	保有量（辆）	其中：按初次登记注册日期分为						
			1999年底前	2000年	2001年	…	2015年	2016年	2017年
甲	乙	1	2	3	4	…	18	19	20
合计	01								
一、载客汽车	02								
（一）微型客车	03								
1、出租车	04								
其中：汽油	05								
燃气	06								
2、其他车	07								
其中：汽油	08								
燃气	09								
（二）小型客车	10								
1、出租车	11								
其中：汽油	12								
柴油	13								
燃气	14								
2、其他车	15								
其中：汽油	16								
柴油	17								
燃气	18								
（三）中型客车	19								
1、公交车	20								
其中：汽油	21								
柴油	22								
燃气	23								
2、其他车	24								
其中：汽油	25								
柴油	26								
燃气	27								
（四）大型客车	28								
1、公交车	29								
其中：汽油	30								
柴油	31								
燃气	32								
2、其他车	33								
其中：汽油	34								
柴油	35								
燃气	36								
二、载货汽车	37								
（一）微型货车	38								
1、汽油	39								

续表

机动车类型	代码	保有量（辆）	其中：按初次登记注册日期分为						
			1999年底前	2000年	2001年	…	2015年	2016年	2017年
甲	乙	1	2	3	4	…	18	19	20
2、柴油	40								
3、燃气	41								
（二）轻型货车	42								
1、汽油	43								
2、柴油	44								
3、燃气	45								
（三）中型货车	46								
1、汽油	47								
2、柴油	48								
3、燃气	49								
（四）重型货车	50								
1、汽油	51								
2、柴油	52								
3、燃气	53								
三、低速汽车	54								
（一）三轮汽车	55								
（二）低速货车	56								
四、摩托车	57								
（一）普通摩托车	58								
（二）轻便摩托车	59								

单位负责人：　　统计负责人（审核人）：　　填表人：　　联系电话：　　报出日期：2 0　年　月　日

说明：1. 本表由直辖市、地（区、市、州、盟）公安交管部门填报；

2. 统计范围：辖区内所有登记注册的机动车；

3. 审核关系：

行审核关系：保有量 01=02+37+54+57；02=03+10+19+28；37=38+42+46+50；54=55+56；57=58+59；03=04+07；10=11+15；19=20+24；28=29+33；04=05+06；07=08+09；11=12+13+14；15=16+17+18；20=21+22+23；24=25+26+27；29=30+31+32；33=34+35+36；38=39+40+41；42=43+44+45；46=47+48+49；50=51+52+53；

列审核关系：保有量 1=2+3+…+20。

直辖市、地（区、市、州、盟）普查机构填报

机动车污染物排放情况

表　　号：　Y201－2表
制定机关：　国务院第二次全国污染源普查领导小组办公室
批准机关：　国家统计局
批准文号：　国统制〔2018〕103号
有效期至：　2019年12月31日

区划代码：□□□□□□
__________省(自治区、直辖市)
__________地(区、市、州、盟)
综合机关名称（盖章）：　　2017年

车辆类型	代码	氮氧化物（吨）	颗粒物（吨）	挥发性有机物（吨）
甲	乙	1	2	3
合计	01			
一、载客汽车	02			
微型客车	03			
小型客车	04			
中型客车	05			
大型客车	06			
二、载货汽车	07			
微型货车	08			
轻型货车	09			
中型货车	10			
重型货车	11			
三、低速汽车	12			
三轮汽车	13			
低速货车	14			
四、摩托车	15			
普通摩托车	16			
轻便摩托车	17			

单位负责人：　　统计负责人（审核人）：　　填表人：　　联系电话：　　报出日期：20　年　月　日

说明：1. 本表由直辖市、地（区、市、州、盟）普查机构填报；
2. 统计范围：辖区内所有登记注册的机动车排放量；
3. 本表指标最多保留2位小数；
4. 审核关系：02=03+04+05+06；07=08+09+10+11；12=13+14；15=16+17；01=02+07+12+15。

直辖市、地（区、市、州、盟）第二次全国污染源普查领导小组组织本级农机管理部门填报，统计范围包括从事农、林、牧、渔业生产的单位和农户及为其提供农机作业服务的单位、组织和个人实际拥有的农业机械

农业机械拥有量

表　　号：Y202－1表
制定机关：国务院第二次全国污染源普查领导小组办公室
批准机关：国家统计局
批准文号：国统制〔2018〕103号
有效期至：2019年12月31日

区划代码：□□□□□□
＿＿＿＿＿＿省(自治区、直辖市)
＿＿＿＿＿＿地(区、市、州、盟)
综合机关名称（盖章）：　　　　2017年

指标名称	代码	台数（万台/万套/万艘）	总动力（万千瓦）
甲	乙	1	2
一、农业机械总动力	01	—	
1、柴油发动机动力	02	—	
2、汽油发动机动力	03	—	
二、拖拉机	04		
1、大中型（14.7千瓦及以上）	05		
其中：14.7-18.4千瓦（含14.7千瓦）	06		
18.4-36.7千瓦（含18.4千瓦）	07		
36.7-58.8千瓦（含36.7千瓦）	08		
58.8千瓦及以上	09		
其中：轮式	10		
2、小型（2.2-14.7千瓦，含2.2千瓦）	11		
其中：手扶式	12		
三、种植业机械	13	—	—
（一）耕整地机械	14	—	—
1、耕整机	15		
2、机耕船	16		
3、机引犁	17		—
4、旋耕机	18		—
5、深松机	19		—
6、机引耙	20		—
（二）种植施肥机械	21	—	—
1、播种机	22		—
其中：免耕播种机	23		—
精少量播种机	24		—
2、水稻种植机械	25	—	—
（1）水稻直播机	26		—
（2）水稻插秧机	27		
其中：乘坐式	28		
（3）水稻浅栽机	29		
3、化肥深施机	30		—
4、地膜覆盖机	31		—
（三）农用排灌机械	32	—	—
1、排灌动力机械	33		
其中：柴油机	34		
2、农用水泵	35		—
3、节水灌溉类机械	36		—
（四）田间管理机械	37	—	—
1、机动喷雾（粉）机	38		
2、茶叶修剪机	39		

续表

指标名称	代码	台数 （万台/万套/万艘）	总动力 （万千瓦）
甲	乙	1	2
（五）收获机械	40	—	—
1、联合收获机	41		
（1）稻麦联合收割机	42		
其中：自走式	43		
其中：半喂入式	44		
（2）玉米联合收获机	45		
其中：自走式	46		
2、割晒机	47		
3、其他收获机械	48		
四、渔业机械	49		
其中：增氧机	50		
投饵机	51		

单位负责人：　　统计负责人（审核人）：　　填表人：　　联系电话：　　报出日期：20　年　月　日

说明：1.本表由直辖市、地（区、市、州、盟）农机管理部门根据《全国农业机械化管理统计报表制度》的农业机械拥有量[农市（机年）3表]填报；

2.本表指标最多保留4位小数。

直辖市、地（区、市、州、盟）第二次全国污染源普查领导小组组织本级农机管理部门填报，统计范围包括从事农、林、牧、渔业生产的单位和农户及为其提供农机作业服务的单位、组织和个人实际拥有的农业机械

农业生产燃油消耗情况

表　　号：　　Y202－2表
制定机关：国务院第二次全国污染源普查领导小组办公室
批准机关：　　国家统计局
批准文号：国统制〔2018〕103号
有效期至：　2019年12月31日

区划代码：□□□□□□
________省(自治区、直辖市)
________地(区、市、州、盟)
综合机关名称（盖章）：　　2017年

指标名称	代码	计量单位	指标值
甲	乙	丙	1
农业生产燃油消耗	01	万吨	
其中：（1）柴油	02	万吨	
（2）用于农机抗灾救灾	03	万吨	
1. 农田作业	04	万吨	
（1）机耕	05	万吨	
（2）机播	06	万吨	
（3）机收	07	万吨	
（4）植保	08	万吨	
（5）其他	09	万吨	
2. 农田排灌	10	万吨	
3. 农田基本建设	11	万吨	
4. 畜牧业生产	12	万吨	
5. 农产品初加工	13	万吨	
6. 农业运输	14	万吨	
7. 其他	15	万吨	

单位负责人：　统计负责人（审核人）：　填表人：　联系电话：　报出日期：20　年　月　日

说明：1. 本表由直辖市、地（区、市、州、盟）农机管理部门根据《全国农业机械化管理统计报表制度》中的农业生产燃油消耗情况[农市（机年）6表]填报；
2. 本表指标最多保留4位小数；
3. 审核关系：01≥02；01≥03；01=04+10+11+12+13+14+15；04=05+06+07+08+09。

直辖市、地（区、市、州、盟）第二次全国污染源普查领导小组组织本级渔业管理部门填报，统计范围为辖区内从事渔业生产的船舶以及为渔业生产服务的船舶

机动渔船拥有量

表　　号：Y202－3表
制定机关：国务院第二次全国污染源普查领导小组办公室
批准机关：国家统计局
批准文号：国统制〔2018〕103号
有效期至：2019年12月31日

区划代码：□□□□□□

＿＿＿＿＿＿省(自治区、直辖市)

＿＿＿＿＿＿地(区、市、州、盟)

综合机关名称（盖章）：　　　　2017年

指标名称	代码	渔业船舶			其中：海洋渔业		
		艘数	总吨位	功率	艘数	总吨位	功率
		艘	吨	千瓦	艘	吨	千瓦
甲	乙	1	2	3	4	5	6
机动渔船合计	01						
一、按用途分类	—	—	—	—	—	—	—
（一）生产渔船	02						
1、捕捞渔船	03						
其中：441千瓦以上（600马力以上）	04						
45-440千瓦（61-599马力）	05						
44千瓦以下（60马力以下）	06						
2、养殖渔船	07						
（二）辅助渔船	08						
其中：捕捞辅助船	09						
渔业执法船	10						
二、按船长分类	—	—	—	—	—	—	—
（一）船长24米以上	11						
（二）船长12-24米	12						
（三）船长12米以下	13						

单位负责人：　统计负责人（审核人）：　填表人：　联系电话：　报出日期：20　年　月　日

说明：1. 本表依据《渔业统计报表制度》中渔业船舶拥有量（水产年报12表）制定，由直辖市、地（区、市、州、盟）渔业管理部门填报；

2. 本表指标均保留整数；

3. 审核关系：01=02+08；02=03+07；03=04+05+06。

直辖市、地（区、市、州、盟）普查机构填报

农业机械污染物排放情况

表　　号：　　　　Y202－4表
制定机关：国务院第二次全国污染源普查领导小组办公室
批准机关：　　　　国家统计局
批准文号：国统制〔2018〕103号
有效期至：　　2019年12月31日

区划代码：□□□□□□
__________省(自治区、直辖市)
__________地(区、市、州、盟)
综合机关名称（盖章）：　　　　2017年

机械类型	代码	氮氧化物（吨）	颗粒物（吨）	挥发性有机物（吨）
甲	乙	1	2	3
合计	01			
大中型拖拉机	02			
小型拖拉机	03			
自走式联合收割机	04			
柴油排灌机械	05			
机动渔船	06			
其他柴油机械	07			

单位负责人：　　统计负责人（审核人）：　填表人：　　联系电话：　　报出日期：20　年　月　日

说明：1. 本表由直辖市、地（区、市、州、盟）普查机构填报；
2. 统计范围：从事农林牧渔业生产的单位和农户及为其提供农机作业服务的单位、组织和个人实际拥有的农业机械排放量；
本表指标最多保留 4 位小数；
4. 审核关系：01=02+03+04+05+06+07。

直辖市、地（区、市、州、盟）普查机构填报

油品储运销污染物排放情况

表　　号：　　Y203表
制定机关：国务院第二次全国污染源普查领导小组办公室
批准机关：　　国家统计局
批准文号：国统制〔2018〕103号
有效期至：　　2019年12月31日

区划代码：□□□□□□
__________省(自治区、直辖市)
__________地(区、市、州、盟)
综合机关名称（盖章）：　　　　2017年

类型	代码	挥发性有机物（吨）
甲	乙	1
合计	01	
储油库	02	
加油站	03	
油罐车	04	

单位负责人：　　统计负责人（审核人）：　　填表人：　　联系电话：　　报出日期：20　年　月　日

说明：1. 本表由直辖市、地（区、市、州、盟）普查机构填报；
2. 本表指标最多保留4位小数；
3. 审核关系：01=02+03+04。

5.3　典型行业填报指南

考虑到工业源普查表指标较多，内容复杂，对于缺乏实践经验的普查员完全准确填报难度较大，因此区普查办技术人员对通州区纳入普查行业进行了统计分析，结果显示通州区通用设备制造业（C34）和家具制造业（C21）所占比重最大。根据行业特点，制定关于通用设备制造业（C34）和家具制造业（C21）普查表的填报指南。

5.3.1　通用设备制造业（C34）

1. G101-1 表、G101-2 表、G101-3 表

所有纳入普查范围的通用设备制造业（C34）企业均须填报这三张表，2017 年停产企业仅填报可以填报的属性信息、生产能力等信息。

通用设备制造业（C34）的主要产品及原辅料（代码）如下，也可以利用“二污普”助手进行查询选填。

2. G102 表

所有产生工业废水的工业企业均应填报该表。注意事项：仅产生不排放工业废水的，需要填报该表；仅涉及生活污水，不填报该表；生活污水、间接冷却水仅填报排放口基本信息，不需要填报废水及污染物排放量信息。

单独取水的间接冷却水所对应的取水量均不计入。

符合填报 G102 表的行业，需填报加盖密闭情况指标，其他行业不填报。

3. G103-1 表

通用设备制造业（C34）一般会有工业锅炉，应填报该表。注意事项：若工业企业的生活锅炉在清查时已填报的，普查阶段不需要重复填报；工业企业的生活锅炉在清查时未填报的，在普查阶段填报本表。

4. G103-2 表

通用设备制造业（C34）一般情况会涉及工业炉窑，需要填该表。通用设备制造业（C34）填报的炉窑不包括已在 G103-3 至 G103-9 表中填报的炼焦、烧结/球团、炼钢、炼铁、水泥熟料、石化生产等使用的炉窑，除上述炉窑之外还有其他工业炉窑的工业企业填报本表。

工业炉窑指在工业生产中用燃料燃烧或电能转换产生热量，将物料或工件进行冶炼、焙烧、熔化、加热等工序的热工设备，工业炉窑类别如表 5-1 所示。

表 5-1 工业炉窑类别代码

代码	工业炉窑类别	代码	工业炉窑类别
01	熔炼炉	10	热处理炉
02	熔化炉	11	烧成窑
03	加热炉	12	干燥炉（窑）
04	管式炉	13	熔煅烧炉（窑）
05	接触反应炉	14	电弧炉
06	裂解炉	15	感应炉（高温冶炼）
07	电石炉	16	焚烧炉
08	煅烧炉	17	煤气发生炉
09	沸腾炉	18	其他工业炉窑

5. G103-3 表、G103-4 表、G103-5 表、G103-6 表

通用设备制造业（C34）不属于本次填报的重点行业，不需填这些表格。

6. G103-7 表

通用设备制造业（C34）不属于本次填报的生产熟料的水泥行业，不需填该表格。

7. G103-8 表、G103-9 表

通用设备制造业（C34）不属于本次填报的石化行业，不需填这些表格。

8. G103-10 表

通用设备制造业（C34）不属于填报该表的行业，不需填报该报表。

9. G103-11 表

通用设备制造业（C34）不属于填报该表的行业，不需填报该报表。

10. G103-12 表

通用设备制造业（C34）一般不涉及需要填报该表的 21 种物料，不需填报该报表。

11. G103-13 表

除 G103-1 至 G103-13 表以外的废气情况，填报到该报表中。通用设备制造业（C34）可能会涉及厂内自备的移动源信息，此外，可能涉及除尘设施和挥发性要有机物处理设施，需要在此统计数量，用 G106-1 核算污染物排放量。

12. G104-1 表

通用设备制造业（C34）企业会产生其他固体废物，需要填报该表。

13. G104-2 表

通用设备制造业（C34）企业根据环评信息，判断是否有危险废物产生，如果有填报该表。主要危险废物可能会涉及：（1）废矿物油与含矿物油废水、（2）油/水、烃/水混合物。

14. G105 表

通用设备制造业（C34）企业生产过程中一般不涉及《企业突发环境事件风险分级方法》（HJ 941—2018）中风险物质的，一般不需要填报本报表。但若相关物质不是生产过程中使用的，且量很少，根据实际情况和管理需求各地自行确定是否纳入，地方认为确无突发环境事件风险的，可以不纳入。

15. G106-1 表、G106-2 表、G106-3 表

填报 G102 表，G103-1 至 G103-9 表、G103-13 表的工业企业，均需填报 G106-1 表。填报 G102 表，且有符合排放量核算要求的监测数据的，填报 G106-2 表，每个排放口监测点位填报一张表。从同一排放口排放的废水，有多个进口监测数据的，填写加权均值。填报 G103-1 至 G103-9 表、G103-13 表，且有符合使用要求的自动监测数据的，填报 G106-3 表，每个排放口监测点位填报一张表。

16. G107 表

通用设备制造业（C34）企业一般不在伴生放射性矿企业名单，不需填报该报表。

17. G108 表

工业园区需要填写的表格，通用设备制造业（C34）企业不需要填写该表。

5.3.2　家具制造业（C21）

1. G101-1 表、G101-2 表、G101-3 表

所有纳入普查范围的家具制造业（C21）企业均须填报这三张表，2017 年停产企业仅填报可以填报的属性信息、生产能力等信息。

家具制造业的主要产品及原辅料（代码）如表 5-2 所示，也可以利用“二污普”助手进行查询选填。

家具产品单位如果是套，可以让企业方提供数据换算为要求单位（m^2）。

此外，家具制造业（C21）主要能源为：天然气。

表 5-2　家具制造业主要产品及主要原辅料编码

项目		编码	计量单位
主要产品	实木家具	21××A001	m^2
	木质材料家具	21××A002	m^2
	竹、藤制家具	21××A003	m^2
	金属家具	21××A004	m^2
	塑料家具	21××A005	m^2
	其他家具	21××A006	m^2
主要原辅料	实木	21××B001	m^2
	人造板	21××B002	m^2
	竹材	21××B003	t
	藤条	21××B004	t
	涂料	21××B005	t
	胶黏剂	21××B006	t
	热固性塑料	21××B007	t
	热塑性塑料	21××B008	t
	其他原料（弹性材料、软质材料、绷结材料、装饰面料、玻璃）	21××B009	t

2. G102 表

家具制造业（C21）一般会产生工业废水，废水类型一般为有机废水，家具制造业（C21）企业均应填报该表。

注意事项：仅产生不排放的工业废水的，需要填报该表；仅涉及生活污水，不填报该表；生活污水、间接冷却水仅填报排放口基本信息，不需要填报废水及污染物排放量信息。

家具制造业（C21）很少涉及单独取水的间接冷却水。

家具制造业（C21）不需填报加盖密闭情况指标，其他行业不填报。

3. G103-1 表

家具制造业（C21）一般会有工业锅炉，应填报该表。注意事项：若工业企业的生活锅炉在清查时已填报的，普查阶段不需要重复填报；工业企业的生活锅炉在清查时未填报的，在普查阶段填报本表。

4. G103-2 表

家具制造业（C21）一般情况不涉及工业炉窑，不需填报该表。

5. G103-3 表、G103-4 表、G103-5 表、G103-6 表

家具制造业（C21）不属于本次填报的重点行业，不需填报表格。

6. G103-7 表

家具制造业（C21）不属于本次填报的生产熟料的水泥行业，不需填报表格。

7. G103-8 表、G103-9 表

家具制造业（C21）不属于本次填报的石化行业，不需填报表格。

8. G103-10 表

家具制造业（C21）不属于填报该表的行业，不需填报该报表。

9. G103-11 表

家具制造业（C21）涉及的油漆、胶黏剂，年使用量在 10 t 以上的企业，填报该报表。

10. G103-12 表

家具制造业（C21）一般不涉及需要填报该表的 21 种物料，不需填报该报表。

11. G103-13 表

除 G103-1 至 G103-13 表以外的废气情况，填报到该报表中。家具制造业（C21）主要涉及厂内自备的移动源信息，此外，可能涉及除尘设施和挥发性有机物处理设施，需要在此统计数量，用 G106-1 核算污染物排放量。

12. G104-1 表

家具制造业（C21）企业会产生碎木屑和边角料一般固体废物，需要填报该表。

13. G104-2 表

家具制造业（C21）企业根据环评信息，判断是否有危险废物产生，有的需要填报该表。

14. G105 表

家具制造业（C21）企业生产过程中一般不涉及《企业突发环境事件风险分级方法》（HJ 941—2018）中风险物质的，一般不需要填报本报表。但若相关物质不是生产过程中使用的，且量很少，根据实际情况和管理需求各地自行确定是否纳入普查，地方认为确无突发环境事件风险的，可以不纳入。

15. G106-1 表、G106-2 表、G106-3 表

填报 G102 表，G103-1 至 G103-9 表、G103-13 表的工业企业，均需填报 G106-1

表。填报 G102 表，且有符合排放量核算要求的监测数据的，填报 G106-2 表，每个排放口监测点位填报一张表。从同一排放口排放的废水，有多个进口监测数据的，填写加权均值。填报 G103-1 至 G103-9 表、G103-13 表，且有符合使用要求的自动监测数据的，填报 G106-3 表，每个排放口监测点位填报一张表。

16. G107 表

家具制造业（C21）企业一般不在伴生放射性矿企业名单，不需填报该报表。

17. G108 表

工业园区需要填写的表格，家具制造业（C21）企业不需要填写该表。